W0196661

BASTEI
LÜBBE
TASCHENBUCH

Über den Autor:

Christos Yiannopoulos wurde 1957 in Patras, Griechenland, geboren, zog aber noch im Kindesalter nach Deutschland. Er arbeitet erfolgreich als Drehbuchautor und schreibt
unter dem Pseudonym Thomas Christos Kinderbücher. Er
lebt in Düsseldorf, wo er mit Bonny und Pippa besonders
gern am Rhein spazieren geht.

Christos Yiannopoulos

Ziemlich beste Pfoten

Zwei Streuner finden heim

BASTEI
LÜBBE
TASCHENBUCH

BASTEI LÜBBE TASCHENBUCH
Band 60854

Zum Schutz der Persönlichkeitsrechte
wurden Namen und Details verändert.

Dieser Titel ist auch als Hörbuch und E-Book erschienen.

Originalausgabe

Copyright © 2015 by Bastei Lübbe AG, Köln
Textredaktion: Tobias Schumacher-Hernández
Illustrationen im Innenteil: © Norbert Höveler
Fotos im Bildteil: © Christos Yiannopoulos
außer S. 1 Mitte, unten und S. 8 © Tomas Rodriguez, Köln
Titelillustration: © Tomas Rodriguez, Köln
Umschlaggestaltung: Kirstin Osenan
Satz: hanseatenSatz-bremen, Bremen
Gesetzt aus der Stempel Garamond LT STD
Druck und Verarbeitung: CPI books GmbH, Leck – Germany
Printed in Germany
ISBN 978-3-404-60854-6

1   3   5   4   2

Sie finden uns im Internet unter
www.luebbe.de
Bitte beachten Sie auch: www.lesejury.de

Ein verlagsneues Buch kostet in Deutschland und Österreich jeweils überall dasselbe.
Damit die kulturelle Vielfalt erhalten und für die Leser bezahlbar bleibt, gibt es die
gesetzliche Buchpreisbindung. Ob im Internet, in der Großbuchhandlung, beim
lokalen Buchhändler, im Dorf oder in der Großstadt – überall bekommen Sie
Ihre verlagsneuen Bücher zum selben Preis.

Inhalt

Mann trifft Hund mit Frau

Einer der Helden meiner Kindheit war merkwürdigerweise ein Superhund namens Lassie, der mutig durch brennende Reifen sprang und nebenbei gefährliche Bankräuber zur Strecke brachte. Das Einzige, was mich an Lassie störte, war, dass sie ihrem Herrchen immer das Gesicht ableckte.

Kaum setzte die Pubertät ein, nahm meine Hundeverehrung ein abruptes Ende. Ich begann mich für Mädchen zu interessieren, und da war kein Platz mehr für leckende Superhunde, noch nicht einmal in der Erinnerung. Als Erwachsener legte ich mir eine Katze zu, die Lola hieß und die keine Hunde in ihre Nähe ließ, was logisch ist, weil Hunde und Katzen wie Mann und Frau sind, die bekanntlich von verschiedenen Planeten stammen. Obwohl Lola mich emotional an der kurzen Leine hielt und sich nur streicheln ließ, wenn sie Zeit und Lust hatte, mochte ich sie nicht missen. Oder vielleicht mochte ich sie auch gerade deswegen so gern. Sie war pflegeleicht, man brauchte mit ihr nicht Gassi gehen, und wenn sie mal musste, dann suchte sie immer Nachbars Garten auf.

Als Lola in den Katzenhimmel kam, war erst einmal

Schluss mit Haustieren. Ich kam ohne weitere Katzen aus, und erst recht wäre mir niemals eingefallen, mir einen Hund zuzulegen.

Auch während meiner Arbeit als Drehbuchschreiber lief mir zunächst kein Hund über den Weg. Die Produzenten wiesen sogar immer wieder darauf hin, dass Hunde, und übrigens auch Kinder, während der Dreharbeiten teuer und kompliziert seien. Ein dressierter Hund kostet mindestens so viel wie ein Hauptdarsteller, darum lautet ein ungeschriebenes Gesetz der Branche: keine Hunde, wenn es sich vermeiden lässt.

Ich bekam also die Order: keine Hunde in die Story reinschreiben! Irgendwann schrieb ich dann doch einen erfolgreichen Fernsehfilm über einen Bernhardiner namens Felix, aber dieser Hund hatte wie alle Superhunde in Funk und Fernsehen nichts mit der Realität zu tun: Felix konnte Motorrad fahren, sprang über Dächer, als wäre er ein Eichhörnchen und hatte einen IQ, an den nicht einmal Albert Einstein heranreichte.

Natürlich war mir schon damals beim Schreiben klar, dass Felix nichts mit einem echten Hund gemein hatte. Auch wenn ich mich überhaupt nicht mit Hunden auskannte, glaubte ich dennoch zu wissen, wie echte Hunde tickten: Sie sahen einen mit großen Augen an, wenn sie Futter wollten, und waren lediglich Befehlsempfänger, die nichts Individuelles an sich hatten.

Ich gebe zu, dass meine Ansichten über Hunde voller Vorurteile waren.

Trotz allem sollte ich auf den Hund kommen, und das hatte mit einer charmanten Frau namens Ellen zu tun. Sie war Anwältin, Mutter einer hübschen und pfiffigen sechzehnjährigen Tochter und besaß einen kleinen Hund namens Bonny.

Ich kann mich noch genau an mein erstes (unfreiwilliges) Date mit Bonny erinnern: Es war ein Samstag, und ich hatte mich mit Ellen, die ich kurz zuvor kennengelernt hatte, zu einem Spaziergang verabredet. Als sie auf den Parkplatz einbog, flog ich ihr entgegen und hielt ihr als Kavalier der alten Schule die Autotür auf.

Überraschung: Auf dem Beifahrersitz saß ein kleiner, brauner Hund, der hinter ihr hinausstürmte! Er sah aus wie eine Mischung aus einem Fuchs und einem Teddybär mit Schlappohren. Später erfuhr ich von Ellen, dass es sich um einen Mix aus einem Terrier und einem Corgi handelte. Notgedrungen ging ich in die Hocke und hielt ihm die Hand zum Beschnüffeln hin, aber was machte er? Genau, er leckte schwungvoll mit seiner nassen Zunge einmal quer durch mein Gesicht! Der Tag war eigentlich für mich gelaufen, aber dann hörte ich Ellen sagen: »Bonny mag dich!« Ich machte gute Miene zum bösen Spiel und schwieg.

»Ich weiß, dass du kein Hundefreund bist, das habe ich sofort bemerkt! Umso mehr freut es mich, dass du dich trotzdem mit mir triffst!«, lobte sie mich. Ich hisste die weiße Flagge, weil ich wusste, dass es Ellen nur mit Bonny gab. Eine Frage hatte ich aber noch: »Du hast aber nicht vor, einen zweiten Hund anzuschaffen, oder?«, vergewisserte ich mich.

»Aber nein!«, antwortete Ellen, und mir fiel ein Stein vom Herzen. Mit einem Hund, zumal einer solchen halben Portion, würde ich schon fertigwerden.

Unserer Beziehung stand nichts im Weg, auch weil sich mein dreizehnjähriger Sohn Konstantin mit Ellens Tochter Sophie gut verstand. Auch zu Bonny fand er schnell einen Draht, die sich gerne von ihm kraulen ließ.

Immerhin gefiel mir, wie Ellen ihren Hund behandelte. Bonny fraß nicht vom Teller, sondern aus dem Napf, sie schlief auch nicht in ihrem Bett, sondern im Körbchen. Mir blieb nichts anderes übrig, als mich mit dem kleinen Hund zu arrangieren, wenn ich Ellen besuchte. Er hatte es schön bei ihr und ihrer Tochter Sophie, die in einem Haus mit großem Garten wohnten.

Doch schnell stellte ich fest, dass Bonny keinerlei Gemeinsamkeiten mit dem Superhund Lassie aus meiner Kindheit hatte und keine Tricks beherrschte – nicht einmal Männchen machte sie. Das Einzige, was sie konnte, war faulenzen, und zwar auf dem Sofa. Sie genoss menschliche Nähe, und dabei spielte es keine Rolle, ob es ein Fremder war.

Aber wenn ich ehrlich bin, muss ich sagen, dass ich ihr nicht viel Beachtung schenkte. Für mich war Bonny der kleine Hund meiner Partnerin, der immer bei ihr zu Hause war, wenn ich sie besuchte. Ich hatte nichts gegen ihn, aber ich hätte ihn auch nicht vermisst, wenn er nicht da gewesen wäre. Dass meine Liebe zu Hunden nicht sonderlich ausgeprägt war, wusste natürlich auch Konstantin, der mich gern mit meiner mangelnden Begeisterung aufzog. »Papa, du kannst Bonny ruhig auch mal streicheln, sie beißt nicht!«, pflegte er zu sagen, wenn er sah, dass ich mich wieder mal zierte, sie auf den Schoß zu nehmen.

Doch bevor es eine wunderbare und langweilige Freundschaft werden konnte, passierte es. Ellen musste unerwartet nach Gran Canaria, weil ein Sturm das Dach ihres Ferienhäuschens demoliert hatte. Da sie auf die Schnelle kein Hundehotel fand, nahm sie Bonny mit.

Bonny ist dann mal weg …

Ellen hatte auf Gran Canaria ziemlich viel um die Ohren: Anträge beim Bauamt stellen, Telefonate mit der Versicherung führen, passende Handwerker finden und so weiter und so fort. Und Bonny war immer dabei. Als alle Arbeiten erfolgreich über die Bühne gebracht waren, stand dem Rückflug nichts mehr im Wege. Auch Bonny freute sich auf die Heimreise, weil es ihr auf Gran Canaria mit ihrem dichten Fell viel zu warm war und jede Bewegung, auch die geringste, zur Qual machte.

»Weißt du was, Bonny? Wir beiden werden jetzt schön Tapas essen, und dann fahren wir zum Flughafen. Was hältst du davon?« Bonny bellte zufrieden, denn sie wusste, dass es jetzt nach Hause ging. Der kleine Hund hatte nämlich gesehen, dass Ellen ihre gepolsterte Reisetasche herausgeholt hatte. Ein sicheres Zeichen, dass der Rückweg anstand! Eine halbe Stunde später parkte Ellen den Wagen vor einer Tapas-Bar.

Die Hitze schlug ihr entgegen, als sie aus dem klimatisierten Wagen stieg, aber das machte Ellen nichts aus, weil sie wusste, dass in Deutschland Schmuddelwetter auf sie wartete. Deswegen wollte sie es sich jetzt nach der anstrengenden Woche mit Bonny schön machen und auf der Terrasse der Bar die Sonne in vollen Zügen genießen.

Da gab es aber leider keinen freien Platz mehr, und Ellen musste mit einem Tisch auf dem Bürgersteig vorliebnehmen. Das fand sie aber nicht allzu schlimm, da sich die Bar in einer ruhigen Seitenstraße befand.

Wie immer machte es sich Bonny auf ihrer Decke unter dem Tisch bequem und wartete auf die Leckerlis, die bestimmt für sie abfallen würden. Und wie immer war sie nicht angeleint, weil Bonny niemals freiwillig ihren Platz verlassen würde. Erstens war sie viel zu faul und zweitens zu anhänglich, um eigenmächtige Ausflüge in die Stadt zu unternehmen.

Während sich Ellen noch mit Blick auf die Speisekarte den Kopf darüber zerbrach, welche Tapas lecker, aber nicht zu kalorienreich waren, hupte ein Auto in unmittelbarer Nähe, und sie schreckte hoch. Ellen ärgerte sich über den Lärm, und Bonny begann laut zu bellen. Ein langsam fahrender Autokonvoi näherte sich. Offenbar war eine Hochzeitsgesellschaft unterwegs, wie man an den geschmückten Karosserien erkennen konnte.

Wieso fahren die nicht auf der Hauptstraße, dachte Ellen, und da sie wusste, wie schreckhaft Bonny war, versuchte sie die Hündin zu beruhigen. Doch ohne Erfolg: Ihre kleine Gefährtin begann vor Aufregung zu hecheln, die Schlappohren wackelten hin und her, und der Schwanz schlug hektisch auf und ab. Ellen erkannte sofort, dass Bonny unter Stress stand. »Ist gut, Bonny, ist gleich vorbei!«

Doch leider war gar nichts vorbei, denn einige der Hochzeitsgäste warfen tatsächlich aus den fahrenden Autos Böller auf die Straße, die einen Höllenlärm erzeugten! Rauch stieg auf. Der kleine Hund sprang jetzt völlig verschreckt auf und bellte wie verrückt. Dabei zitterte er am ganzen Körper, als stünde er unter Strom.

Als Ellen gerade versuchte, Bonny auf den Schoß zu nehmen, landete ein Kracher direkt vor ihrem Tisch und explodierte lautstark. Ellen duckte sich instinktiv und hielt sich die Hände schützend vors Gesicht. In dem Moment ergriff Bonny die Flucht und schoss davon wie eine Rakete! Sie rannte über die Straße, bog ab auf die große Allee und lief im Slalom durch den dichten Verkehr. Ellen, die durch den Knall für einen Moment wie paralysiert war, wurde wieder hellwach, als sie sah, wie ihr kleines Hündchen verstört zwischen den Autos im Zickzack davonlief.

Panik ergriff sie, ihr Herz schlug höher, kalter Schweiß rann ihr den Rücken hinab, und sie bekam feuchte Hände. Sofort sprang sie auf und rannte hinter Bonny her, was sich aber mit den hohen Absätzen als schwierig erwies. Außerdem hatte der kleine Hund in seiner Angst ein Mordstempo hingelegt und war bald nicht mehr zu sehen.

Ellen hetzte über die belebte Allee, achtete überhaupt nicht auf den Verkehr. Viele Autofahrer hupten sie wütend an, was ihr aber egal war. Sie musste ihren kleinen Hund wiederhaben. Immer wieder rief sie nach Bonny, doch ihre Stimme ging im Straßenlärm unter.

War sie in die rechte Seitenstraße gerannt oder in die linke? Oder etwa in die Fußgängerpassage? Verzweifelt drängte sie sich durch die Menschenmenge, rempelte den einen oder anderen an und hoffte inständig, ihre geliebte kleine Freundin zu finden. Aber sie blieb verschwunden.

Ellen wurde vor Aufregung übel und schwindlig. Verzweifelt fragte sie die Passanten nach Bonny, aber keiner konnte ihr helfen.

Sie mochte etwa eine halbe Stunde durch die Straßen geirrt sein, als ihr siedend heiß einfiel, dass sie ihren Flieger erwischen musste! Völlig aufgelöst rief sie mich in Deutschland an und wusste nicht mehr weiter. »Ich kann doch nicht ohne Bonny zurückfliegen!«, rief sie verzweifelt mit zittriger Stimme und war kurz davor, den Flug zu stornieren. So aufgewühlt hatte ich sie noch nie erlebt.

»Aber musst du nicht morgen Mittag ins Gericht?«, fragte ich sie.

»Ja, stimmt! Das hatte ich ganz vergessen. Morgen ist ein Berufungsprozess am Oberlandesgericht! Der kann nicht verschoben werden … aber ich kann doch die arme Bonny nicht alleine lassen!« Ich konnte die Verzweiflung in ihrer Stimme kaum ertragen, aber für mich lagen die Dinge klar auf der Hand.

»Du kannst doch nicht auf Gran Canaria bleiben!«, sagte ich. Der Hund mochte zwar wichtig sein, aber die Arbeit ging doch vor!

»Jetzt mach mir doch kein schlechtes Gewissen!«, hörte ich sie noch sagen, dann legte sie auf.

Ellen überlegte hin und her und entschloss sich schweren Herzens, den Flieger nach Deutschland zu nehmen. Der Tag, der so gut für sie angefangen hatte, endete traurig, sehr traurig.

... O bring back my Bonny
to me ...

In den folgenden Wochen war die Stimmung zwischen Ellen und mir getrübt, oder besser gesagt: Sie lag am Boden. Trotz aller Bemühungen blieb Bonny verschwunden. Ellen schaltete von Deutschland aus mehrere Suchanzeigen, und ihr Onkel Egon, der seinen Lebensabend auf Gran Canaria verbrachte und nicht ganz so perfekt spanisch sprach, tapezierte den halben Ort mit Zetteln voll:

Perro corre! Perro corre!
Alta recompensa
Por favor ilame de ...

Für mich stand fest, dass Bonny irgendwann wieder auftauchen würde, weil sie ja ein Halsband mit Ellens Adresse trug. Auch Ellen war zunächst optimistisch, aber als die Tage verstrichen, schwand ihre Zuversicht. »Und wenn ihr was zugestoßen ist? Vielleicht ist sie überfahren worden? Vielleicht hat sie sich verlaufen und ist verhungert?«

Man konnte kein Gespräch mit Ellen führen, ohne dass die Sprache auf Bonny kam. Entweder sie spekulierte, was mit Bonny passiert war, oder sie erinnerte sich an Dinge, die sie mit ihr erlebt hatte. Als ich erfuhr, dass Bonny außerdem gechipt war, konnte ich mir nicht vorstellen, dass der kleine Streuner verschollen blieb.

»Aber wer weiß, ob man sie untersucht und schaut, ob sie markiert ist!«, entgegnete Ellen, als wir in der Küche saßen und das Thema wieder mal um Bonnys Verschwinden kreiste. »Ich werde wahnsinnig bei dem Gedanken, dass sie irgendwo alleine liegt, schwer verletzt, und keiner kann ihr helfen!«

Mit jedem Tag ohne ein Lebenszeichen von Bonny wurde Ellen unruhiger. Ein Satz von ihr ist mir besonders in Erinnerung geblieben: »Wenn ich Bonnys Korb sehe, denke ich, dass sie jeden Moment ins Zimmer kommt und sich hineinlegt.«

Irgendwann konnte ich das nicht mehr hören und entgegnete gereizt: »Dann tu den Korb doch weg!«

»Auf keinen Fall! Das ist so, als hätte ich sie schon aufgegeben, warum verstehst du das nicht?«

»Schau mal, du verhältst dich wie Eltern, die ihr Kind vermissen. Solange sie nichts über dessen Schicksal wissen, lassen sie alles beim Alten, zum Beispiel passiert es oft, dass sie nicht mal das Kinderzimmer aufräumen«, dozierte ich, »aber Bonny ist ein Hund und kein Mensch!«

Meine Analyse kam bei Ellen natürlich überhaupt nicht gut an.

»Du bist so unsensibel!«, entgegnete sie wütend.

»Nur weil ich eine objektive Feststellung getroffen habe? Es ist ja nun mal Fakt, dass Hunde Tiere sind!«

»Ich brauche von dir keine blöden Erklärungen oder Fakten, ich brauche Verständnis und, wenn du das Wort kennst, Trost!«, schleuderte sie mir entgegen und verließ das Zimmer.

»Aber ich will dich doch trösten!«, versuchte ich sie zu beschwichtigen, während ich ihr ins Wohnzimmer folgte.

»Ach was, dir sind meine Gefühle doch total egal.«

Natürlich zog ich mir diesen Vorwurf nicht an, und so ergab ein Wort das andere. Ellen wurde es schließlich zu viel:

»Es ist besser, wenn du jetzt gehst und mich alleine lässt!«

Und das tat ich auch.

Zu Hause in meinem Bett kochte ich vor Wut, weil ich den Vorwurf des unsensiblen Klotzes nicht auf mir sitzen lassen wollte. Gerade als ich mich wieder einigermaßen beruhigt hatte und dabei war einzuschlafen, klingelte das Telefon.

»Warum bist du nach Hause gefahren und hast mich alleine gelassen?«, hörte ich Ellens vorwurfsvolle Stimme.

Ich war irritiert. »Hast du nicht gesagt, ich soll nach Hause gehen?«

»Ach, Schatz, ja, das habe ich gesagt. Aber eigentlich will ich einfach nur, dass du mich tröstest.«

Also sprang ich wieder in meine Klamotten und fuhr die 20 Kilometer zu ihr. Ich machte ihr einen Tee und nahm sie in den Arm. »Entschuldige, dass ich dich alleine gelassen habe!«

Mir tat die trauernde Ellen wirklich leid, da aber mein Verhältnis zu Hunden im Allgemeinen und Bonny im Speziellen nun einmal nicht das beste war, hielt sich mein Mitgefühl für den kleinen Hund weiterhin in Grenzen. Streit war also wieder vorprogrammiert.

»Ich glaube dich interessiert Bonnys Schicksal gar nicht!«, hieß es einige Tage später, als wir im Wohnzimmer bei einem Glas Wein zusammensaßen.

»Wie kommst du denn darauf?«, antwortete ich und fühlte mich ertappt.

»Weil du gerade mit deinem Tablet spielst!«

In der Tat hatte ich bei dem Gespräch mit einem Auge mein E-Mail-Konto überflogen.

»Es tut mir wirklich leid, dass es dir schlecht geht, aber deswegen möchte ich die Geschichte, wie du Bonny vom Tierheim geholt hast, nicht zum hundertsten Mal hören. Ich liebe nun mal dich und nicht deinen Hund!«, flutschte es aus mir heraus.

»Es geht nicht nur um Bonny. Du hörst mir generell nicht zu, wenn ich dir etwas erzähle, das dich nicht interessiert!«, warf sie mir vor, und schon waren wir mitten in einem Streit, der mit Bonny nichts zu tun hatte. Im Gegenzug warf ich ihr vor, dass sie den Hund wichtiger nahm als unsere Partnerschaft. Schließlich hatten wir einen bereits gebuchten Trip nach Berlin abgesagt, weil Ellen zu Hause sein wollte, falls jemand aus Gran Canaria anrufen würde. Und als das Telefon mal klingelte und ich zu spät abhob, gab es auch Ärger: »Vielleicht war das ein Anruf aus Spanien!«

Und wieder platzte es aus mir heraus: »Bei allem Verständnis für dich, Ellen, aber Bonny ist kein Mensch!«

»Trotzdem ist sie ein Teil der Familie! Warum musste ich Bonny überhaupt nach Gran Canaria mitnehmen? Du hättest doch auf sie aufpassen können! Aber nein, dein Terminkalender musste ausgerechnet diese Woche aus allen Nähten platzen! Du hast Bonny doch nie gemocht!«, warf sie mir vor, womit sie ja nicht ganz unrecht hatte.

»Was sollte ich gegen das Tier haben?«, versuchte ich mich halbherzig herauszureden.

»Das Tier? Das ist Bonny!«, berichtigte sie mich und legte noch eins drauf: »Ohne dich hätte ich Bonny schon längst gefunden! Wäre ich nur nicht nach Deutschland zurückgeflogen!«

»Ich habe dich nicht gezwungen zurückzufliegen!«, verteidigte ich mich.

»Aber du hast mich unter Druck gesetzt! Von meinem Partner hätte ich das nicht erwartet!«, raunzte sie und ging aus der Küche.

»Ich habe dich unter Druck gesetzt? Das ist doch ein Witz!«, rief ich ihr hinterher.

»Nein, ist es nicht.« Sie blieb im Flur stehen und drehte sich zu mir um. »Du magst es nicht, wenn man dir widerspricht. Wann hast du denn schon mal nachgegeben?«

»Ich dachte, du magst Männer, die eine eigene Meinung vertreten und nicht leicht nachgeben!«, konterte ich und ärgerte mich, dass ich mich in der Defensive befand.

»Aber sie sollten auch kompromissfähig sein! Und sie sollten nicht nur an sich denken, sondern auch die Gefühle der Partnerin ernst nehmen!«

Das Ende vom Lied: Erneut fuhr ich frühzeitig nach Hause, nur dieses Mal rief sie mich nicht spät noch an, sondern ich verbrachte die Nacht alleine.

Es war paradox: Zunächst hatte ich gedacht, dass der Hund unserer Liebe im Weg stehen würde, aber erst jetzt, wo er nicht da war, drohte die Beziehung eben daran zu zerbrechen. Was konnte ich nur dagegen unternehmen? Ich wollte Ellen keinesfalls verlieren. In meiner Hilflosigkeit dachte ich zunächst daran, ihr einen teuren Ring zu schenken oder eine gemeinsame Reise. Aber dann wurde mir bewusst, dass das Problem damit nicht gelöst wäre. Ellen vermisste doch ihren Hund! Nur würde der nicht mehr auftauchen, dessen war ich mir inzwischen sicher. Folgerichtig sah ich nur eine Lösung, um den gordischen Knoten zu lösen. Meiner Ansicht nach war es eine geniale Idee, die zwei Fliegen mit einer Klappe schlug: Erstens würde Ellen über den Verlust ihrer Bonny hinwegkommen, und zweitens würde ich nicht als Hundehasser dastehen!

Es war Freitag, der 13., als ich Ellen spontan und gut gelaunt einen Besuch abstattete. »Schatz, ich habe eine Überraschung für dich!«, eröffnete ich ihr strahlend, gab ihr einen Kuss und schaute ihr tief in die Augen.

»Das ist schön!«, antwortete sie gerührt und blickte mich erwartungsfroh an. »Was ist es?«

»Noch ein wenig Geduld!«, lachte ich und schob sie sanft auf die Couch.

»Jetzt mach es nicht so spannend!«, bat sie mich ungeduldig.

Lächelnd nahm ich aus meiner Tasche einen weißen Umschlag. »Was hältst du davon«, ich machte eine kleine Kunstpause, »wenn ich dir einen neuen Hund schenke? Der so ähnlich aussieht wie Bonny?« Damit war die Katze aus dem Sack, und ich zog den Prospekt eines Hundezüchters aus dem Kuvert.

Leider war Ellens Reaktion nicht ganz so, wie ich es erhofft hatte.

»Das ist doch nicht dein Ernst?!«, empörte sie sich und schüttelte fassungslos den Kopf.

»Okay, okay, es muss ja nicht dieser Züchter sein! Ich kenne mich in dieser Hinsicht nicht aus!« Sofort steckte ich den Prospekt wieder ein und lachte sie verlegen an. Doch Ellen ging es anscheinend gar nicht um den Hundezüchter:

»Wie kannst du denn nur auf diese Idee kommen? Ich kann doch Bonny nicht einfach durch einen anderen Hund ersetzen!«

»Du wirst dich bestimmt schnell mit dem neuen Hund anfreunden, da bin ich mir sicher!«, versuchte ich zu erklären.

»Verstehst du das denn nicht?« Sie starrte mir geradewegs in die Augen. »Bonny ist ein Teil der Familie! Sie ist nicht zu ersetzen!«

Erneut stand ich als herzloser, unsensibler Klotz da. Damit hatte ich wohl das Gegenteil von dem erreicht, was ich mir vorgenommen hatte, und meine wunderbare Idee war nach hinten losgegangen. Wenn es nicht so verdammt traurig gewesen wäre, hätte man darüber lachen können.

Doch just in dem Moment kam die Rettung. Mitten im Streit klingelte das Telefon. Ellen ging dran, noch ziemlich aufgebracht. »Dass du mir das wirklich vorgeschlagen hast, ich kann es kaum glauben ...«, murmelte sie mit dem Hörer in der Hand. »Wenn ich das vorher gewusst hätte … Hallo?!«, hörte ich sie noch sagen, bevor sie ins Wohnzimmer ging.

Während sie telefonierte, ärgerte ich mich über ihre Vorwürfe. Eine Entschuldigung kam für mich nicht infrage. Ich hatte es doch nur gut gemeint. Diese ständige Vermenschlichung des Hundes war einfach nicht gesund! Ich wollte mir gerade eine Strategie zurechtlegen, da merkte ich plötzlich, dass Ellen schon sehr lange telefonierte.

Wer rief sie denn so früh an? In dem Moment kam sie wie verwandelt in die Küche, schaute mich selig an und sagte: »Es ist alles gut!« Sie nahm mich in den Arm und begann leise zu weinen.

Verstört von diesem Gefühlsüberschwang meldete sich doch mein schlechtes Gewissen. »Also, du musst dich doch nicht entschuldigen, ich habe das gar nicht so persönlich gemeint«, versuchte ich sie zu beruhigen.

Sie stieß mich von sich. »Ich weine doch nicht wegen dir! Ich weine, weil ich glücklich bin!«, stellte sie richtig und wischte sich ihre Tränen ab.

In der Tat, sie schaute nicht sehr traurig aus. Waren das etwa Freudentränen? Nun verstand ich gar nichts mehr.

»Bonny ist wieder da! Man hat meine Bonny gefunden!«, erklärte sie und schaute mich an wie die glücklichste Frau der Welt.

»Wo war sie denn?«, fragte ich etwas unbeholfen und merkte in diesem Moment, dass ich mehr Freude an den Tag legen musste. »Ich meine, herzlichen Glückwunsch, es ist ja wunderbar, dass du sie wiederhast! Wirklich toll!«

»Das ist es auch, du kleiner Heuchler! Du brauchst

jetzt nicht so zu tun, als ob du sie vermisst hättest!«, meinte Ellen, die mich durchschaut hatte. Aber die gute Nachricht hatte sie gnädig gestimmt. Sie zog mich sanft auf die Couch und legte los: »Das war gerade ein junger Mann, der in Spanien lebt. Er hat Bonny gefunden, und zwar in einem Dorf in Kantabrien!«

»Also doch das Halsband!«

»Nein. Der Chip!«, stellte sie richtig, »aber ich erkläre alles später! Jetzt muss ich direkt nach Flügen schauen!«

Ellen griff ihr Tablet und rief den Browser auf. Ich verstand nur Bahnhof.

»Welche Flüge?«

Sie runzelte die Stirn. »Sag mal, bist du etwas begriffsstutzig? Wir müssen Bonny abholen, ist doch logisch!«, sagte sie, während sie die Suchmaschine fütterte.

»Wir?« Ich verschluckte mich fast.

»Natürlich wir! Oder willst du Bonny nicht so schnell wie möglich wiedersehen? Jetzt, wo wir uns wieder vertragen haben?«

»Ich kann es kaum erwarten!«, schwindelte ich, da mir partout nicht einleuchtete, wegen des Hundes nach Spanien zu fliegen. Obwohl ich sicher bin, dass Ellen meine Gedanken las, ließ sie es sich nicht anmerken. Dafür war sie viel zu glücklich.

»Ist das nicht herrlich? Man hat meine Bonny gefunden! Und es geht ihr offensichtlich sehr gut …«, freute sie sich, und dann blieb ihr Blick an dem Bildschirm hängen: »Hier, Santander … morgen früh … sind noch Plätze frei!«

»Warum Santander? Wir müssen doch nach Gran Canaria!«, warf ich ein.

»Habe ich nicht gesagt, dass Bonny in Kantabrien aufgetaucht ist? Sie ist nicht mehr auf Gran Canaria!«, antwortete Ellen, als wäre es das Selbstverständlichste auf der
Welt.

»Doch, das sagtest du schon, aber ehrlich gesagt habe
ich keine Ahnung, wo Kantabrien liegt! Der Erdkunde-
unterricht auf unserer Schule beschränkte sich darauf, uns
zu erklären, dass die Erde keine Scheibe ist ...«, rechtfertigte ich mich.

»Kantabrien liegt in Nordspanien«, dozierte Ellen, ohne
ihren Blick vom Bildschirm zu nehmen. Sie war schon dabei, ihre Kreditkarte zu belasten.

»Nordspanien? Also auf dem Festland. Aber ... das
müssen doch Zighunderte Kilometer sein! Wie ist sie
denn dahin gekommen?« Ellen schien bei Weitem nicht
so verwirrt zu sein wie ich. Ungläubig ging ich zum Re-
gal und zog den Atlas hervor, während sie noch mit dem
Buchungsprozess beschäftigt war. Ich schlug die Europa-
karte auf. Von Gran Canaria bis Santander waren es über
den Daumen gepeilt gut 2000 Kilometer Luftlinie. Mal abgesehen davon, dass die Hälfte der Strecke durch den At-
lantischen Ozean führte.

»Ich weiß nicht, wie sie dahin gekommen ist. Aber das
werden wir alles erfahren. Und zwar morgen!«, verkündete Ellen mit fröhlicher Stimme.

»Morgen? Da habe ich einen Termin!«, warf ich schwach
ein, aber dann sah ich ihren strafenden Blick und fügte
hinzu: »... den ich aber verschieben kann!«, und versuchte
ein Lächeln. »Für Bonny tue ich doch alles!«

Ab in den Süden

Am nächsten Tag flogen wir von Düsseldorf über Madrid nach Santander. Ellen hatte ihren vollen Terminkalender ignoriert, denn Bonnys Heimkehr hatte absolute Priorität.

Den ganzen Flug über fand meine Freundin keine Ruhe. Sie rutschte unruhig auf ihrem Sitz hin und her, als hätte sie Pfeffer im Popo. »Und wenn Bonny doch krank ist?«, fiel ihr unvermittelt ein.

»Aber ihr Finder hat doch am Telefon gesagt, dass es ihr gut geht!«

»Vielleicht wollte er mich nur beruhigen!«, wandte sie ein und schaute aus dem kleinen ovalen Fenster. »Hoffentlich sind wir bald da, ich kann es kaum abwarten!«

Haarklein setzte sie mir auseinander, was sie in den nächsten Tagen alles mit Bonny unternehmen wollte.

»Wenn sie zu Hause ist, werde ich sie richtig verwöhnen! Wer weiß, was sie alles erlebt hat … Als Erstes koche ich ihr Hähnchenherzen, die mag sie ganz besonders. Danach werde ich ihr Körbchen neu beziehen!«

Ich muss zugeben, dass ich nur mit einem viertel Ohr zuhörte. Mich interessierte eine ganz andere Frage, die ich aber vorerst für mich behielt: Wie war der kleine Hund von Gran Canaria nach Kantabrien gekommen? Und was würde der Finder uns darüber erzählen können?

Nach der Landung wurde Ellen noch hektischer, wenn das überhaupt möglich war.

»Nicht auszudenken, wenn sie mich nicht wiedererkennt!«, fiel ihr plötzlich ein und sie hetzte zu den Gepäckbändern. Und ich wie ein Trottel hinterher.

»Also bitte. Natürlich wird sie dich wiedererkennen!« Obwohl wir die Ersten am Band waren, waren wir die Letzten, die ihr Gepäck in Empfang nehmen konnten. Die Koffer kamen zwar ziemlich schnell, aber die Hundebox, die Ellen aufgegeben hatte, fehlte. Nach einer Weile standen nur noch wir zwei am Band, das einsam seine Runden drehte, bis es, begleitet von einem schrillen Piepen, jäh stoppte.

Es gab lautstarke Diskussionen mit dem Flughafenpersonal, bis Bonnys Box schließlich doch noch auftauchte. Natürlich überließ ich den Disput Ellen, denn schließlich war es ihr Hund, und außerdem wollte ich mich nicht sonderlich aufregen, nur weil wir etwa eine Viertelstunde länger gewartet hatten als die anderen Fluggäste. Sie würde ihre Bonny früh genug wiedersehen.

Nachdem wir nun unser Gepäck endlich beisammenhatten, fuhren wir per Mietwagen die etwa 70 Kilometer nach Unquera. Ohne zu zögern, setzte sich Ellen ans Steuer und legte sogleich ein Mordstempo hin. Sie drückte aufs Gaspedal, dass mir schlecht wurde.

»Würdest du bitte etwas langsamer fahren? Du bist dabei, die Schallmauer zu durchbrechen!«, warnte ich sie nach einem meiner Ansicht nach sehr riskanten Überhol-manöver.

»Wieso? Ich fahre wie immer!«, behauptete Ellen und wandte die Augen nicht von der Straße ab. Sie dachte gar nicht daran, den Fuß vom Gas zu nehmen.

»Ich weiß, dass du generell zum Rasen neigst!«, gab ich ihr recht, »aber heute legst du noch eine Schippe drauf!«

»Im Unterschied zu dir fahre ich zumindest unfallfrei!«

»Meine Güte, ich habe vor dreißig Jahren beim Einpar-ken eine Laterne gestreift, das ist nun wirklich verjährt!«, entgegnete ich und hielt die Hände vors Gesicht, weil ich nicht sehenden Auges in den Tod fahren wollte.

»Stell dich nicht so an!«, meinte sie, während sie das Gaspedal malträtierte.

»Bitte, Ellen!«, startete ich einen letzten Versuch. »Bon-ny läuft uns nicht davon, wenn wir fünf Minuten später kommen!«

»Ich habe Tom gesagt, dass wir um 16 Uhr da sind. Und wir müssen die Zeit aufholen, die wir im Flughafen verloren haben!«

Ich protestierte nicht. Ich betete nur, dass wir über-haupt noch ankommen würden.

Und das taten wir zum Glück. Überpünktlich – na gut, kurz vor 16 Uhr – erreichten wir das Dorf Unquera, ma-lerisch gelegen am Fluss Deva. Schade nur, dass ich auf-grund der Hektik kein Auge für die wunderschöne Land-schaft hatte. Meine Aufmerksamkeit galt allein dem Tacho und meiner Todesangst.

Mit kreischenden Bremsen brachte Ellen den Wagen

urplötzlich vor einem zweistöckigen Steinhaus zum Stehen, und ohne meinen Sicherheitsgurt wäre ich in hohem Bogen durch die Windschutzscheibe geflogen. Ellen stürmte aus dem Wagen und eilte zum Haus, um endlich ihre Bonny in die Arme zu schließen. Ich stolperte ein wenig benommen hinterher.

Sie brauchte nicht zu klingeln, weil die Tür wie von Geisterhand aufging. Und dann sprang ein kleiner Hund nach draußen und eilte auf sein Frauchen zu: Bonny! Hinter ihr folgte langsam ein anderer Hund, der einen halben Kopf größer war. Er hatte ein schneeweißes Fell und erinnerte mich an Struppi, den treuen Begleiter von Tim. Ellen ihrerseits stand fassungslos da und wusste nicht, ob sie träumte.

»Bonny! Da ist ja meine Bonny!«, hauchte sie leise, als ob sie von diesem wunderbaren Traum nicht erwachen wollte. Aber es war kein Traum, denn Bonny kläffte sehr lebendig und hüpfte wie ein Jojo auf und ab, stupste dabei ihre Nase gegen Ellens Knie. »Bonny! Meine Bonny! Mein Schatz!«, rief Ellen und hob das Hündchen hoch.

In diesem Moment fiel die ganze Anspannung der letzten Wochen wie ein Kartenhaus in sich zusammen. Ellen schwebte auf Wolke sieben. Während sie Bonny streichelte und küsste und herzte, hielt ich mich im Hintergrund, denn meine Wiedersehensfreude hielt sich in Grenzen. Während ich Gott dankte, dass wir es unfallfrei hergeschafft hatten, bemerkte ich, dass mich der weiße Hund mit seinen großen Augen von oben bis unten musterte. Sein linker Schneidezahn stand leicht vor, und obendrein hob er seine rechte

Augenbraue. Ich stutzte. So etwas hatte ich noch nie bei einem Tier gesehen.

»Ist das nicht herrlich! Ich habe meine Bonny wieder!«, rief Ellen mit feuchten Augen.

Indessen trottete der weiße Hund zu ihr hinüber und stupste mit der rechten Pfote ihr Knie an. Sein Blick schien zu sagen: »Hey, ich bin auch noch da!« Jetzt erst realisierte Ellen, dass Bonny in Begleitung war. »Hallo, wer bist du denn?«, fragte sie sanft und strich dem weißen Hund über den Kopf. In dem Moment löste sich Bonny aufgeregt aus Ellens Arm und leckte ihrem Begleiter die Nase ab. Der knurrte zufrieden, und dann spazierten beide an uns vorbei in das Haus. Einfach so, als wäre es das Normalste von der Welt. Ellen und ich wechselten fragende Blicke.

Nun erst betrat ein weiterer Akteur die Bühne, und zwar ein Mann, ich schätzte ihn auf Anfang dreißig, der in der offenen Tür stand. »Herzlich Willkommen in Unquera! Ich bin Tom. Hoffentlich hatten Sie einen guten Flug. Ich sehe, dass Bonny sich freut, ihr Frauchen zu sehen! Das ist natürlich schön für Sie, weil Sie endlich ihren Hund wiederhaben ... Aber das ist nicht so schön für mich, weil ich mich leider von Bonny verabschieden muss!«, sagte er leicht wehmütig, aber dann bat er uns mit einem entwaffnenden Lächeln ins Haus.

Ich mochte den offenen jungen Mann auf Anhieb, wunderte mich aber auch ein bisschen über dieses Geständnis. Obwohl er Bonny nur wenige Tage kannte, wollte er sie behalten? Sollte so ein echter Kerl etwa genauso emotional auf Hunde reagieren wie meine Freundin? Oder hatte er das nur aus Höflichkeit gesagt?

Im Haus begrüßten uns die Eltern seiner Freundin, ein freundliches älteres Paar, ebenfalls herzlich. Sie boten uns zunächst etwas zu trinken an und führten uns ins Wohnzimmer, wo schon der gedeckte Tisch auf uns wartete.

»Das ist doch nicht nötig! Wir wollen Ihnen keine Umstände machen«, sagte Ellen höflich.

Ich wollte ihr schon beipflichten, denn wir hatten Bonny wieder, und ich hatte meine Schuldigkeit getan, aber beim Anblick der Salate, Schinken- und Käseplatten lief mir das Wasser im Mund zusammen.

»Bitte nehmen Sie doch Platz! Sie sind nach der langen Reise sicher müde und ausgehungert!«, bat uns Tom und rückte zwei Stühle vom Tisch. Ich nickte Ellen auffordernd zu und nahm Platz.

»Vielen Dank für die Gastfreundschaft!«

Ellen setzte sich neben mich und machte sich umgehend Vorwürfe, weil sie nicht daran gedacht hatte, ein angemessenes Gastgeschenk zu besorgen. »Das ist mir sehr unangenehm, weil ich dachte, dass Sie alleine hier wohnen! Deswegen habe ich nur eine Flasche Düsseldorfer Kräuterlikör, die ich Ihnen geben wollte«, sagte sie schuldbewusst und zeigte auf die Flasche Killepitsch.

»Die werden wir gerne zusammen genießen, vielen Dank!«, lachte Tom und stellte uns dann seine nette Freundin Lily vor, die gerade aus der Küche kam. Sie war Chilenin und sprach außer Spanisch nur Englisch.

Die Speisen, die Lilys Mutter auftischte, übertrafen alles, was ich bisher in Spanien gegessen hatte: köstliches Ziegenfleisch, knuspriger Fisch und duftendes Gemüse. Es war ein Festschmaus. Bonny saß die ganze Zeit über auf Ellens Schoß. Das durfte sie normalerweise beim Essen nicht, aber heute war natürlich eine Ausnahme.

Und der andere Hund? Der wich nicht von meiner Seite und ließ mich die ganze Zeit nicht aus den Augen. Dabei fiel mir wieder auf, dass sein linker Schneidezahn etwas herausschaute, und ab und zu sah es so aus, als ob er seine rechte Augenbraue hob. Er sah zugleich drollig und klug aus. Ich beschloss, ihn ebenfalls nicht aus den Augen zu lassen.

Während des Essens erzählte uns Tom einiges über die Gegend, unter anderem, dass durch den Atlantik ein anderes, feuchteres Klima herrschte als im Süden, der durch das Mittelmeer geprägt war. Das klang alles sehr interessant, aber insgeheim wollten Ellen und ich natürlich endlich wissen, wie er Bonny gefunden hatte. Als mein Blick auf den weißen Hund fiel, der mich permanent beobachtete, versuchte ich sanft das Thema zu wechseln.

»Sie haben einen …« Ich suchte nach dem richtigen Wort. »… wirklich niedlichen Hund. Wie heißt er denn?«, wandte ich mich an Tom.

»Ich weiß es nicht, denn das ist gar nicht mein Hund«, lachte Tom und blinzelte den Weißen mit der wackelnden Augenbraue an, »die Einzige, die seinen Namen weiß, ist Bonny!«

Ellen und ich schauten ihn fragend an. Beim Anblick unserer ratlosen Gesichter entschloss er sich, uns aufzuklären:

»Ich sollte Sie nicht länger auf die Folter spannen. Sie möchten bestimmt wissen, wie die beiden Hunde und ich zueinandergefunden haben, oder?«

Die beiden Hunde? Jetzt verstand ich gar nichts mehr.

»Okay, aber es ist eine lange Geschichte, und Sie können mich jederzeit unterbrechen, wenn Sie Fragen haben, kein Problem!«

Und dann legte der sympathische Tom los, und ich weiß noch, dass er über eine Stunde sprach. Der weiße Hund seinerseits hatte mich stets im Visier, was mich sehr irritierte. Was wollte er nur von mir?

Tom, der tierliebe Finder

Tom und Lily wohnten eigentlich in Südspanien, in der Nähe von Malaga. Beide hatten in Spanien eine zweite Heimat gefunden. Lily kam ursprünglich aus Chile und war mit ihren Eltern auf die Iberische Halbinsel gekommen, weil es in ihrer Heimat wenig Arbeitsplätze gab. Der aus Deutschland stammende Tom seinerseits hatte sich für Spanien entschieden, weil ihm die südländische Mentalität mehr zusagte. »Hier herrscht kein so starker Leistungsdruck, man lässt es gemächlicher angehen. Stress und Hektik sind für Spanier sozusagen rote Tücher. Natürlich ist hier alles nicht so organisiert wie in Deutschland, aber das nehme ich gerne in Kauf, weil andere Tugenden wie Gelassenheit und Familiensinn mehr Lebensqualität für mich bedeuten!«

Lilys Eltern behandelten Tom wie ihren eigenen Sohn. Seinen Lebensunterhalt bestritt der gelernte Gartenbauarchitekt mit der Konzeption von Grünanlagen für Hotels oder Ferienhäuser. Er lebte mit seiner Freundin in einer Finca auf dem Land, die er selbst restauriert hatte.

Da sie beide Tiere über alles liebten, hatten sie zahlreiche vierbeinige Mitbewohner, unter anderem einen Hund, zwei Katzen, eine Ziege, ein Schaf sowie diverse Hühner und Gänse.

Toms Tierliebe ging so weit, dass er sich im örtlichen Tierschutzverein engagierte, insbesondere für herrenlose Hunde, die vielerorts in Spanien ein Problem darstellten. Wann immer er Zeit fand, fuhr er herum und griff streunende Hunde auf. Oft päppelte er sie selbst auf, wenn nicht direkt eine Pflegestelle frei war, bis sie einen neuen Besitzer gefunden hatten. Insofern kannte er sehr viele Hundeinitiativen und so manchen Tierarzt.

Gemeinsam mit Lily fuhr er ein- bis zweimal im Jahr nach Kantabrien, um ihre Eltern zu besuchen, die sich in diesem Teil des Landes niedergelassen hatten. Anders als in Südspanien führten die Flüsse hier ganzjährig Wasser, deshalb verbrachte er seine Freizeit gern mit Angeln und ausgedehnten Wanderungen an der Atlantikküste.

Als er sich vor einer Woche zu einem Spaziergang an den Rio Nansa aufmachte, wurde er unterwegs von einem heftigen Gewitter überrascht. Er suchte Schutz in einer kleinen Hütte am Ufer, die von den Anglern bei Regen aufgesucht wird.

Kurz bevor er den Unterschlupf erreichte, stürmte ein Mann aus der Hütte, stieg in einen Geländewagen und raste davon.

Tom wunderte sich zwar über den Fremden, dachte sich aber nichts dabei. Gerade als er die Klinke hinunterdrücken wollte, hörte er ein leises Knurren. Unwillkürlich blieb er stehen. War da ein Hund in der Hütte oder gar ein Fuchs? Obwohl er keine Angst vor Tieren hatte, wollte Tom gewappnet sein und öffnete die Tür nur einen kleinen Spalt. Vorsichtig erspähte er in einer Ecke zwei kleine Hunde, die ihn mit großen Augen anschauten. Der eine war weiß, der andere braun. Der Braune zitterte am ganzen Körper. »Wo kommt ihr beiden denn her?«, fragte er und dachte an den Mann, der gerade aus der Hütte geflüchtet war. »War das euer Herrchen? Dann kommt er bestimmt wieder!« Tom nahm den zitternden Hund auf den Schoß, um ihn zu beruhigen. Da der Regen nicht aufhörte, blieb er noch eine Weile in der Hütte und überließ den beiden Hunden sein Sandwich, das er als Wegzehrung mitgenommen hatte. Erst kurz vor Mitternacht hörte der Regen auf.

Tom beschloss, nach Hause zu gehen, aber was sollte er mit den beiden Hunden machen? In der kalten Hütte zurücklassen, bis der vermeintliche Besitzer wieder auftauchte? War es überhaupt der Besitzer? Und wenn ja, warum ließ er sich nicht blicken? Oder hatte er die beiden hier ausgesetzt? Ratlos trat Tom vor die Hütte und schaute sich um. Weit und breit war kein Mensch zu sehen. Da merkte er, dass die beiden Tiere ihm gefolgt waren.

»Ihr wollt wohl nicht alleine sein! Na kommt, wir gehen nach Hause.« Bevor er sich auf den Heimweg machte, ließ er noch einen Zettel mit seiner Telefonnummer zurück. Der Besitzer würde sich bestimmt bei ihm melden.

Zu Hause bekamen die Hunde ein ordentliches Essen und einen warmen Schlafplatz. Und im Handumdrehen gelang es den beiden, die Herzen von Tom und Lily zu erobern. Während der kleine braune Hund sehr zutraulich war und immer gekrault werden wollte, hielt sein weißer

Kumpel zwar etwas Abstand, schaute seine neuen Herr-chen aber immer mit wachen Augen an.

Natürlich fragten sich Lily und Tom, woher die beiden kamen. Das alte Halsband, das der weiße Hund trug, gab keine Auskunft. Aus dem Dorf stammten die beiden je-denfalls nicht, das wurde schnell klar, weil kein Hund ver-misst wurde. Und Toms Zettel brachte auch nichts.

»Die beiden sind so süß und anhänglich, die könnten wir doch behalten, oder?«, sagte Tom, und Lily brauchte gar nicht überzeugt zu werden.

Allerdings wollte Tom klären, ob es nicht doch einen Besitzer gab. Er untersuchte sie gründlich, um zu sehen, ob sie tätowiert waren. Fehlanzeige. Und wenn ihnen ein Chip implantiert worden war? Er brachte sie zu einem befreundeten Tierarzt, der sie durchcheckte. Tatsächlich war der kleine braune Hund gechipt! Anhand der Num-mer konnte die Adresse von Ellen ermittelt werden. Da der Tierarzt kein Deutsch konnte, gab er Tom die Daten durch, damit der sich mit Bonnys Frauchen in Verbin-dung setzen konnte. Und da schließt sich der Kreis: Tom rief Ellen an, und beide verabredeten die Übergabe von Bonny.

Und dann waren es acht Pfoten!

Toms Schilderung der Ereignisse war zwar sehr ausführlich, ließ aber trotzdem die entscheidende Frage offen: Wie war Bonny von Gran Canaria nach Nordspanien gekommen? Darauf würden wir in Unquera keine Antwort finden, was Ellen nicht weiter störte, denn sie hatte Bonny wieder gesund und munter an ihrer Seite.

Merkwürdigerweise machte sich keiner der Anwesenden Gedanken um den weißen Hund. Alles drehte sich um Bonny. Was es mit ihrer Begleitung auf sich hatte, ob und wann er entlaufen war, schien unter den Tisch gefallen zu sein. Andererseits wurde er auch nicht ignoriert, im Gegenteil, er bekam zu fressen und viele Streicheleinheiten.

Gegen Abend wollten wir mit Bonny zurück nach Santander, wo Ellen ein Hotel gebucht hatte. Am Tag darauf sollte es nach Deutschland zurückgehen. Beim Abschied lagen sich alle in den Armen, Ellen und ich wurden von unseren Gastgebern herzlich gedrückt. Diesmal akzeptierte Ellen, dass ich mich ans Steuer setzte, was vor allem dem Umstand geschuldet war, dass es sich Bonny auf dem Schoß ihres Frauchens bequem machen wollte. Ellen und Bonny saßen also auf dem Beifahrersitz und winkten Tom und den anderen zu, während ich den Wagen zurücksetzte. In dem Moment begann der weiße Hund laut zu bellen und lief auf das Auto zu. Ich hielt an, und der Hund sprang immer wieder die Beifahrertür hoch. Auch Bonny kläffte jetzt, was das Zeug hielt.

»Ihr wollt euch bestimmt auf Wiedersehen sagen!«, lachte Ellen und hielt Bonny so ans Fenster, dass sich die Hundenasen berührten. Beide Vierbeiner winselten herzerweichend.

»Da wird aber jemand sehr, sehr traurig sein, wenn Bonny weg ist!«, meinte Tom.

»Ich denke, ist nicht gute Idee, die zwei Hundefreunde trennen«, bemerkte Lily in gebrochenem Deutsch.

»Das denke ich auch!«, sagte Ellen und nickte.

Und plötzlich hatte ich eine Eingebung.

»Vielleicht wäre es besser, die beiden Hunde hierzulassen, was denkst du? Das wäre doch eine Überlegung wert ...«, argumentierte ich scheinheilig und rieb mir innerlich die Hände. Ein schlechtes Gewissen plagte mich nicht, schließlich waren Bonny und der weiße Hund bei Tom bestens aufgehoben.

»Ja, das würde dir gefallen!«, schmetterte Ellen meine Frage ab. »Natürlich fährt Bonny mit uns!«

»Aber was wird dann aus dem anderen? Wird er nicht sehr traurig sein ohne seine kleine Freundin?«, fragte ich, und kaum hatten die Worte meinen Mund verlassen, wurde mir klar, dass ich gerade einen großen Fehler begangen hatte.

»Du hast recht – dann nehmen wir den eben auch

mit!«, bestimmte Ellen grinsend und strich dem weißen Hund über den Kopf.

»Dann hättest du ja zwei Hunde!«, entfuhr es mir, und ich konnte das Entsetzen in meiner Stimme kaum unterdrücken.

»Messerscharf geschlussfolgert, Mr Holmes!«, bemerkte sie trocken, um sich dann Tom zuzuwenden: »Oder hatten Sie überlegt, das Wollknäuel hier zu behalten? Ich wollte Ihnen das Tier auf keinen Fall wegnehmen!«

Tom wechselte mit Lily einen Blick, beide nickten sich zu und flüsterten etwas. Ich hoffte inständig, dass sie den weißen Hund behalten wollten. Aber meine Hoffnung zerschlug sich.

»Das würden wir schon gerne, aber es wäre sehr schade, die beiden Hunde zu trennen!«, meinte Tom, und seine Freundin Lily nickte eskortierend.

»Na, dann ist ja alles klar!«, murmelte ich resigniert, was ich mir auch hätte sparen können, da ich sowieso nicht gefragt wurde.

Ich machte einen letzten Versuch, das Unglück abzuwenden. »Wie stellst du dir das denn vor mit dem weißen Hund? Er braucht doch einen Hundepass, um mitfliegen zu können, oder nicht? Wie willst du den so schnell besorgen?«

Daran hatte Ellen in ihrer Euphorie anscheinend nicht gedacht.

»Lass das mal meine Sorgen sein! Ich kenne die spanische Bürokratie«, antwortete Ellen mit leicht ironischem Unterton. In der Tat gelang es ihr am Flughafen, die An-

gestellten der Fluglinie mit einer inoffiziellen Zusatzge-
bühr gnädig zu stimmen. Und so kam es, dass wir zu viert
nach Düsseldorf flogen.

Wo wart ihr beiden nur?

Bonny war wieder da, und viele Probleme von Ellen und Tochter Sophie, mit denen sie sich sonst herumschlugen, lösten sich wie von Zauberhand in Luft auf: Hatte der Richter ein ungerechtes Urteil gesprochen? Brachte die Diät nicht das erhoffte Ergebnis? Hatte die Lehrerin den letzten Aufsatz ungerecht bewertet? Egal. Bonnys Anwesenheit entschädigte für alles.

»Sie ist immer noch die ganz Liebe, die einen mit ihren großen Augen anschaut und gerne kuschelt«, schwärmten Mutter und Tochter unisono.

Ich vernahm es mit Freude, denn wenn es dem Hund gut ging, war Frauchen glücklich und ich logischerweise auch. Die beiden Hunde verstanden sich derweil prächtig. Sie spielten gemeinsam, lagen einträchtig nebeneinander auf der Couch und schienen sich niemals zu streiten.

Ellen hätte zwar gerne gewusst, was die beiden erlebt hatten, aber wichtiger war ihr, dass sie ihren Liebling nicht mehr vermisste. Sie wollte die Geschichte nicht an die große Glocke hängen, weil sie keine große Aufmerksamkeit mochte.

Außerdem plagte sie immer noch ein schlechtes Gewissen, weil sie damals nach Deutschland zurückgeflogen war, anstatt auf Gran Canaria nach Bonny zu suchen.

Bonny freute sich offensichtlich auch darüber, wieder zu Hause zu sein – und sie genoss die Zeit mit ihrer Freundin im weißem Fellkleid. Auch sie war ein Cocktail aus unterschiedlichen Hunderassen, wobei eine gute Portion Terrier dominierte. Das Einzige, was auf einen Vorbesitzer hindeutete, war ein kleines Halsband aus speckigem Leder. Die Buchstaben darauf waren nicht zu entziffern. Keine Sekunde verschwendete Ellen einen Gedanken daran, sie in Deutschland irgendjemandem in der Nachbarschaft anzuvertrauen. Die Hundedame brauchte also einen Namen und wurde kurzerhand Pippa genannt.

»Wie kommst du auf diesen Namen?«, wollte ich von Ellen wissen.

»Na, weil sie wie eine Pippa aussieht!«, antwortete Ellen, als wäre es selbstverständlich, und Sophie ergänzte lachend: »Und irgendwie erinnert ihr Po an den von Pippa Middleton.«

Was sollte ich dazu sagen? Ich kapitulierte vor dieser Logik, andererseits interessierte es mich nicht, ob der Hund Pippa oder Poppi oder Pipapo hieß. Für mich bedeutete ihre Anwesenheit, dass mich jetzt vier Hundeaugen ins Visier nahmen, wenn ich Ellen besuchte, und das passierte jetzt öfter, weil es mit der Beziehung wieder aufwärtsging. Dafür war ich den Hunden zugegeben dankbar, denn ich genoss die Zeit mit Ellen sehr.

Ich wollte mich darum mit den beiden Mitbewohnern arrangieren und nahm mir fest vor, meine Vorurteile Hunden gegenüber abzubauen und sie nicht nur als notwendigen Preis für eine Partnerschaft mit Ellen zu betrachten.

So weit der Plan. Die Praxis sah anders aus. Immer noch scheute ich mich, die beiden auf meinen Schoß zu lassen, außerdem drückte ich mich oft, wenn Ellen mit den beiden Gassi ging. Natürlich blieb das meiner klugen Freundin und den anderen nicht verborgen, aber da ich keine doofen Bemerkungen über die Hunde machte oder sie irgendwie schlecht behandelte, sah man zunächst gnädig darüber hinweg.

»Papa macht Dienst nach Vorschrift!«, kommentierte Konstantin immer, wenn ich den beiden Hunden zur Begrüßung nur halbherzig über den Kopf strich. Meine Hoffnung, dass mein freundliches Desinteresse gegenüber den haarigen Familienmitgliedern der Beziehung zu Ellen nicht schaden würde, erfüllte sich aber nicht.

Das wurde mir einige Wochen später klar, als Ellen mich anrief:

»Am Samstag wollte ich mit den beiden an den Rhein! Kommst du mit uns?«

Als sie merkte, dass ich zögerte, sprudelte es plötzlich aus ihr hervor, und sie redete mir ins Gewissen: »Ich erwarte ja nicht, dass du zum Hundefan wirst oder dir gar selbst einen anschaffst. Nein, es geht nicht um die Tiere an sich. Aber vielleicht interessiert dich, warum deine Partnerin Hunde mag und wie ich meine Zeit mit ihnen verbringe?«

»Worauf willst du hinaus?« Langsam wurde ich nervös.

»Ich bin doch auch neugierig auf dein Leben und möchte möglichst viel von dir wissen und gemeinsam mit dir erleben!«, erklärte sie. »Aber bei dir habe ich das Gefühl, dass dich nur Sachen interessieren, die dich betreffen!«

»Ellen, bitte!«

»Nein, nicht *bitte*! Erinnerst du dich daran, wie ich dir mal gesagt habe, dass ich das Gefühl habe, du hörst mir nicht zu?«

Natürlich erinnerte ich mich noch daran. Auch an die Konflikte, die während Bonnys Abwesenheit zum Ausbruch gekommen waren. Im Grunde warf sie mir vor, egoistisch zu handeln und nicht genug auf sie einzugehen. Ich sah schon wieder tiefdunkle Wolken auf uns zukommen. Wenn mir die Beziehung zu Ellen etwas bedeutete, musste ich mich ihr gegenüber öffnen. Doch wie sollte ich ihr meine ernsthaften Absichten beweisen? Mit Worten, Gegendarstellungen und Versprechungen hatte ich nichts erreicht, es mussten Taten folgen. Ich wollte an den beiden Hunden demonstrieren, dass ich mich für Ellen als Gesamtpaket interessierte.

Und dann kam mir eine Idee: Ich musste herausfinden, wie Bonny von Gran Canaria nach Kantabrien gekommen war! Untrennbar damit war die Frage nach Pippas Geschichte verbunden. Wo kam sie her, wem hatte sie gehört und wie hatte sie Bonny kennengelernt? Besser konnte ich mein Interesse an ihren beiden Lieblingen nicht beweisen, oder?

Mich erinnerte die Reise der beiden Hunde an ein Idol meiner Kindheit, den antiken Helden Odysseus. Odysseus war bekanntlich zehn Jahre unterwegs gewesen und hatte auf seiner Heimreise unzählige Abenteuer erlebt und vielen Gefahren getrotzt. Das hatte mich als Kind immer fasziniert.

»Du willst wirklich herausfinden, was die beiden unterwegs erlebt haben?« Ellen runzelte ungläubig die Stirn, als ich ihr und den Kindern beim Abendessen meinen Plan verkündete. Konstantin nahm mir zwar ab, dass ich mein Vorhaben ernst meinte, zweifelte aber an den Erfolgsaussichten: »Sorry, Papa, aber ich glaube nicht, dass du etwas herausfinden wirst!«

»Ach nee? Und warum nicht?«

»Weil du bis jetzt nur ausgedachte Geschichten geschrieben hast. Richtige Storys sind was anderes!«

»Ich werde es dir beweisen!«, antwortete ich trocken und bei meiner Autorenehre gepackt.

»Du willst auf deine alten Tage noch Detektiv spielen?«, witzelte Sophie, was ich aber bewusst ignorierte. Stattdessen wandte ich mich Ellen zu, denn immerhin hatte ich meinen Plan ihr zuliebe gefasst: »Was denkst du denn, Schatz?«

»Ehrlich gesagt, kann ich kaum glauben, dass du das ernst meinst. Du interessierst dich doch gar nicht für Bonny. Manchmal frage ich mich ja sogar, ob du dich überhaupt für mich interessierst.«

»Natürlich interessiere ich mich für dich!«, polterte ich los und merkte, dass mich sowohl Ellen als auch die Kinder irritiert anschauten.

Plötzlich stellte sich Pippa vor mich hin und legte ihre Vorderpfoten auf meine Knie. Dabei schaute sie mich mit großen Augen an.

»Was hat sie?«, fragte ich irritiert in die Runde.

»Sie mag es nicht, wenn man wütend ist. Sie will dich beruhigen!«, antwortete Ellen und strich sanft über Pippas Kopf.

»Ja, klar! Ein Hund als Streitschlichter!«, entgegnete ich ironisch und schaute auf Pippas bedrohlich vorstehenden Schneidezahn. Ich konnte mir beim besten Willen nicht vorstellen, dass ein Hund irgendetwas von menschlichen Problemen verstand. »Wahrscheinlich will sie nur etwas fressen!«

»Du kennst sie nicht«, meinte Ellen und blinzelte mich besänftigend an. »Wird Zeit, dass sich das ändert!«

Bereits am nächsten Tag startete mein Projekt »Hundepfote«. Die erste Frage war natürlich: Wie sollte ich das Ganze beginnen? Leider hatte Konstantin einen wunden Punkt getroffen, denn als Drehbuchautor hatte ich es wirklich nur mit erdachten Geschichten zu tun, die Praxis des professionellen Recherchierens war mir nicht wirklich vertraut. Ich war ja kein Journalist!

Das einzige Indiz, Pippas halb zerfleddertes Halsband, war keine große Hilfe. Ich durchforstete also das Internet und las unzählige Hundesuchanzeigen in der Hoffnung, zumindest etwas über Pippas Herkunft zu erfahren. Vergeblich.

Schließlich setzte ich selbst eine Anzeige auf: »Who has seen these dogs?«, und zwar bei tumblr, einer Internetplattform für Blogs, um möglichst viele Leute zu erreichen. Danach schickte ich einfach eine E-Mail an all meine Kontakte mit der Bitte, den Link zu meiner Anfrage zu teilen und dadurch ein Schneeballsystem zu erzeugen. Dabei kam mir zunutze, dass ich viele Kontakte nach Spanien hatte, weil ein Buch von mir ins Spanische übersetzt worden war.

Im Nachhinein ist mir bewusst, dass ich es geschickter hätte anstellen können, aber (nicht nur) damals war ich kein Experte in Sachen sozialer Netzwerke wie Facebook, Instagram oder gar Twitter. Auf jeden Fall hatte die Suche begonnen, und ich wartete gespannt auf Antworten!

In meinem Arbeitszimmer pinnte ich eine Spanienkarte an die Wand. Mit roten Stecknadeln wollte ich darauf die Reise der beiden Hunde dokumentieren. Ich war optimistisch, dass die Karte recht bald mit zahlreichen roten Punkten übersät sein würde. Ellen war da nicht so zuversichtlich. Und die Hunde? Bonny und Pippa schien die Karte wurscht zu sein. Sie beobachteten mich ziemlich gelangweilt und gähnten demonstrativ. Na wartet, ich werde euer Geheimnis schon lüften, drohte ich ihnen scherzhaft.

Natürlich zerbrachen sich auch die anderen den Kopf darüber, welche Abenteuer die beiden Ausreißer erlebt hatten, und die wildesten Theorien machten die Runde. Hatten die beiden sich vielleicht in ein Flugzeug geschlichen? Aber wie sollte das ohne menschliche Hilfe funktionieren? Oder waren sie sogar geschwommen? Am plausibelsten erschien mir die Erklärung meines sechsjährigen

Neffen: »Die beiden sind von Außerirdischen entführt worden und dann wieder abgesetzt worden!«

 O. k., dann fahren wir zurück, aber wie?

Ist doch kein Problem. Ich habe ein Navi!

Die erste Spur

Es war über ein Monat nach dem Auftauchen der beiden Hunde vergangen, und immer noch lagen die roten Stecknadeln ungenutzt neben der Karte. Es gab keine einzige Spur. Das hatte ich mir alles wesentlich einfacher vorgestellt. Während in meinen Drehbüchern die Ermittler am Ende immer erfolgreich ihre Fälle lösten, stand ich wie ein dilettantischer Amateurdetektiv da: Akte Bonny und Pippa ungelöst! Ich war kurz davor, die Karte abzuhängen und mein Projekt aufzugeben.

Eines Abends saß ich bei Ellen und sah im Fernsehen eine Dokumentation über Zugvögel. Ich schaute auf den Bildschirm, Pippa und Bonny neben mir, und staunte über das natürliche Navigationssystem der Zugvögel. Die Wissenschaftler sprachen vom sogenannten Heimfindesinn. Um von ihren Brutplätzen in Europa zu ihren Winterquartieren in Afrika zu fliegen, legen sie mehrere tausend Kilometer zurück. Dabei finden sie nicht nur nach langer Reise ihre Reviere wieder, sondern exakt genau ihr Nest.

Als ich das erfuhr, war ich sehr beeindruckt, während Pippa und Bonny desinteressiert vor sich hin dösten.

Bonny mochte ja laut Ellen nur Tiersendungen mit anderen Hunden und Pippa Kochsendungen. Mir war klar, dass ich es nicht mit einer Taube oder einem Storch zu tun hatte, sondern mit einem kleinen Hund, dessen Nase sich bis dato nicht durch besondere Leistungen ausgezeichnet hatte. Bonny konnte höchstens Süßigkeiten und Würstchen riechen, die auf dem Tisch lagen. Pippa ging sogar weiter und stibitzte auch die Schokoriegel aus Sophies Tasche, wenn sie sie achtlos auf dem Sofa ablegte.

Aber die Sendung entfachte meine Neugierde erneut, das Rätsel zu lösen.

Die Chance dazu ergab sich eher zufällig. Ellen bat mich nämlich darum, dass ich nach Gran Canaria fahren sollte. Es war wieder eine Reparatur am Ferienhaus fällig, und sie konnte diesmal auf keinen Fall selbst hin, weil sie beruflich stark eingebunden war.

Also flog ich an ihrer Stelle auf die Insel. Ich war das erste Mal auf Gran Canaria und hatte mir vorgenommen, die Insel nach den erforderlichen Arbeiten etwas zu erkunden.

Gleich bei der Landung machte die Insel einen guten Eindruck auf mich – kein Wunder, denn nach dem Abflug im regnerischen Deutschland war es äußerst angenehm, von der Sonne und milden Luft Las Palmas empfangen zu werden. Ein perfekter blauer Himmel und eine milde salzige Brise gab es als Bonus. Anstelle von Bonny wäre ich auf der Insel geblieben, dachte ich, hier ist es ja viel angenehmer als in Deutschland.

Mit dem Taxi fuhr ich zu Ellens Ferienhaus, und dabei

trübte sich der erste Eindruck etwas, als mir die zahlreichen Hotels und Apartmentanlagen ins Auge fielen. Die riesigen Bettenburgen und hässlichen Hotelbunker sahen nicht allzu einladend aus. Zum Glück befand sich Ellens Ferienhaus in einem auch von Spaniern bewohnten Viertel, und zwar auf einem Hügel, der immer von frischem Wind verwöhnt wurde. Es bestand aus vier Zimmern und hatte sogar einen kleinen Pool. Ein nettes Anwesen, aber eben leider mit Schäden, die dringend der Reparatur bedurften.

Gleich am nächsten Morgen legte ich los. Die notwendigen Gespräche mit der Baufirma verliefen problemlos, da es keine Sprachbarrieren gab, weil jeder deutsch zu sprechen schien. Überhaupt lebten sehr viele Deutsche und Skandinavier auf der Insel und hatten sich ihre eigene kleine Welt geschaffen: Es gab bayerische Brauhäuser, ein skandinavisches Möbelhaus und natürlich einen deutschsprachigen Radiosender. Die Touristen und die sogenannten Residenten, also die Fremden, die dauerhaft hierhergezogen waren, lebten in neu erbauten Apartments und Häusern mit kleinem Pool und eingezäunten Vorgärten, oft sogar mit wachsamen Gartenzwergen.

Doch wenn man die Touristenviertel hinter sich ließ, befand man sich in einer anderen Stadt. Mietskasernen und nicht asphaltierte Wege allerorten. Kleinere und bescheidenere Bars mit ausschließlich spanischen Speisekarten. Hier lebten die Einheimischen, und hier bequemte sich die Müllabfuhr offenbar seltener hin. Mir fiel auch der eine oder andere streunende Hund auf, meist in der Nähe der überquellenden Mülltonnen. Trotzdem gefiel es mir persönlich in den Vororten besser, weil es authentischer und nicht so geleckt aussah. Außerdem erinnerten mich der Straßenlärm und das lebhafte Treiben auf den Straßen an Griechenland, meine ursprüngliche Heimat. Ich nahm mir fest vor, vor meinem Heimflug in einen der Vororte zu fahren und in einer richtigen spanischen Bar einzukehren!

Nachdem die Reparaturen schneller als gedacht erledigt waren, blieben mir bis zum Rückflug zwei Tage Zeit zur freien Verfügung. Die wollte ich im spanischen Teil der Stadt verbringen, möglichst weit weg von den Touristen. Gut gelaunt verließ ich gegen Abend Ellens Ferienhaus, sog die frische Meeresluft ein und machte mich auf zum Taxistand, als mich ein Nachbar ansprach. Er kam aus Norwegen und verbrachte, wie er mir gleich am ersten Tag erklärt hatte, seinen Urlaub zwei Mal im Jahr auf den Kanaren, weil es dort nicht nur wärmer, sondern vor allem heller als in seinem Heimatland war.

»Heute ist es wieder sehr heiß, finden Sie nicht auch?«

Er trug eine dicke Hornbrille und einen Schlafanzug, obwohl es keine 18 Uhr war. Ich fand ihn nicht sonderlich sympathisch, weil ich ihn öfter dabei ertappt hatte, wie er mit einem Fernglas von seiner Terrasse aus die Umgebung absuchte, aber da er Ellens Nachbar war, wollte ich ihn nicht vergraulen. Bevor ich etwas erwidern konnte, sprach er weiter, während ein Lieferwagen langsam die Straße hochkam. »Ach ja, was ich Sie fragen wollte: Hat Ihre Partnerin den Hund wiedergefunden?«, fragte er.

»Ja, er ist wieder aufgetaucht!«, antwortete ich abwesend und sah die Rücklichter des Lieferwagens in der Dunkelheit verschwinden.

»Oh, da bin ich beruhigt. Es hätte ja sein können, dass er ihn mitgenommen hat!«, meinte er und zeigte in die Dunkelheit. »Wen meinen Sie?«, fragte ich arglos.

»Na, der Kammerjäger! Der jagt alles, was vier oder noch mehr Beine hat. Mäuse, Ratten und sogar Hunde! Kennen Sie ihn nicht?«

»Nein, den habe ich noch nie getroffen. Ich wusste nicht einmal, dass es hier Hundefänger gibt! Außerdem war Bonny kein Streuner! Sie hatte ein Halsband mit Namen und Adresse um!«

»Wie heißt es in Deutschland? Das ist ein Grund, aber kein Hindernis!«, gab er zurück und grinste fies.

Der Typ wurde mir mit jeder Sekunde unsympathischer. Schon ging er weiter und wollte mich mit meinen Gedanken alleine lassen. Aber jetzt musste ich mehr wissen: »Einen Moment! Haben Sie denn gesehen, dass er damals Bonny mitgenommen hat?«

»Nix habe ich gesehen, ich war ja nicht dabei. Man hört nur den einen oder anderen Nachbarn tuscheln!«, nuschelte er plötzlich abweisend und huschte davon.

Ich dachte noch eine ganze Weile an seine Worte. Konnte es sein, dass Bonny Opfer des Hundefängers geworden war? Wenn es so gewesen sein sollte, dann musste er sie aber wieder freigelassen haben, sonst wäre sie ja nicht wieder bei uns aufgetaucht. Dennoch witterte ich eine erste Spur. Würde ich nun doch noch etwas in Erfahrung bringen können? Wenn ich schon hier war, könnte ich mich doch ein wenig umhören. Über all das dachte ich am Abend nach, während ich in einer einheimischen Bar die Speisekarte rauf und runter probierte.

Da mein Flug erst übermorgen ging, nahm ich mir vor, am nächsten Morgen die Spur des Hundefängers zu verfolgen. Dafür besorgte ich mir im Internet die Adresse des nächsten Tierheims, wo man mir sicherlich weiterhelfen konnte.

Die Albergue Bañaderos erwies sich als ein relativ großer Betonbau, der mich mit Hundegebell begrüßte, als ich aus dem Taxi stieg. Etwa ein Dutzend Hunde in allen Größen steckten ihre Köpfe durch die Gitter und bellten um die Wette. Die Anlage selbst machte keinen allzu deprimierenden Eindruck, zumindest war alles sauber und ordentlich. Und die Hunde sahen auch nicht abgemagert oder ungepflegt aus.

»Ich kann Ihnen nicht sagen, welche Hunde vor Monaten aufgegabelt wurden, weil wir die Hunde nicht so lange bei uns behalten«, enttäuschte eine Mitarbeiterin meine Hoffnung, nachdem ich ihr von Bonnys Flucht erzählt hatte. Sie sprach sehr gut deutsch und mochte etwa dreißig gewesen sein. »Hunde mit Halsband versuchen wir natürlich ihren Besitzern zurückzugeben. Die anderen bleiben eine Weile hier, bis sie von einem Tierarzt eingeschläfert werden. Das Tierheim hat nicht genug Platz für alle Streuner«, bedauerte sie und begab sich zu den Zwingern, um die Hunde zu füttern.

Ich gesellte mich einfach dazu und dachte laut über ihre Worte nach. »Tiere aus Platzmangel einschläfern? Gibt es da keine andere Lösung?« Während ich darüber grübelte, betrachtete ich die vielen Hunde, die mich mit hilflosen Augen anschauten und anwinselten.

Nimmst du mich mit?, schienen sie zu fragen. Und ich konnte mich ihren Blicken kaum erwehren. Wen fand ich süßer? Den großen braunen mit abstehenden Ohren oder den kleinen gefleckten mit buschigem Schwanz? Oder vielleicht die niedliche Mischung aus Dackel und Pudel, die immer wieder freudig in meine Richtung sprang?

Die Mitarbeiterin des Heims hatte keine Augen für mich und die Hunde, weil die Arbeit sie vollkommen in Beschlag nahm. Sie spritzte jetzt mit einem Schlauch den Boden ab und rückte ein Paar Transportkisten aus dem Weg.

»Natürlich kann man die Hunde bei uns adoptieren! Viele Deutsche machen das auch!«, meinte sie und betonte: »Bei uns geht alles legal zu, wir sind ein offizielles Tierheim. Früher war das anders, weil viele Gemeinden illegale Tierheime hatten, um die Hunde loszuwerden.«

»Das heißt konkret, dass all diesen Tieren der Tod droht, wenn sie nicht schnellstens adoptiert werden!?«, empörte ich mich, denn ich hatte diese armen Hunde schon in mein Herz geschlossen, obwohl es größere Hundefreunde als mich gab.

»Was sollen wir denn sonst machen? Die Menschen sind schuld, die sich diese Tiere erst anschaffen und dann aussetzen!«, rechtfertigte sich die Frau, die keine Lust auf eine Diskussion hatte. »Ich muss jetzt leider in die Küche. Sie können doch den einen oder anderen Hund mitnehmen, ich sehe ja, dass sie Ihnen gefallen«, rief sie mir noch zu.

Obwohl mir das Schicksal der Vierbeiner leidtat, kam eine Adoption für mich nicht infrage, und deswegen sah ich schnell zu, dass ich das Tierheim verließ. Ich wollte und konnte den Hunden nicht mehr in die Augen schauen. Und ich machte drei Kreuze, dass Bonny nicht hier gelandet war. Aber wohin hatte ihr Weg sie geführt? Hatte der Nachbar mit dem Hundefänger also unrecht?

Auf der Rückfahrt fragte ich den Taxifahrer, ob es noch ein anderes Tierheim gäbe.

Nicht direkt ein Tierheim, aber so etwas Ähnliches, antwortete er. Dort würde schon der ein oder andere Streuner landen.

Ich wurde hellhörig und bat ihn, mich dorthin zu fahren.

Das Taxi fuhr aus der Stadt Richtung Berge, vorbei an tristen Vororten, arbeitete sich an staubigen Feldwegen ab und mühte sich schließlich einen Hügel hinauf, auf dem eine schlichte Holzbaracke mit Wellblechdach stand, kaum größer als eine Garage. Davor parkte ein verbeulter Lieferwagen. Ich konnte nicht sagen, ob es der Wagen des Hundefängers war, den ich schon gestern Abend gesehen hatte.

Nachdem ich den Taxifahrer bezahlt hatte, stieg ich aus und schaute mich um. Als Erstes fiel mir die Stille auf. Das einzige Geräusch, das ich hörte, erinnerte mich an das Flattern einer Flagge. Die Sonne knallte auf den Hügel, und es gab nichts, aber auch gar nichts, was für ein wenig Schatten sorgen konnte. Keine Palme, kein Feigenbaum, kein Strauch.

Ich näherte mich langsam der Baracke und wurde prompt von einem Fliegengeschwader angegriffen. Ein fürchterlicher Gestank nach Urin und totem Fleisch haute mich fast um. Ich musste aufpassen, wo ich hintrat, denn auf dem Boden lagen leere Konserven, Fischabfälle und verdorbenes Gemüse. Dazwischen gediehen die Maden im Akkord. Auf einer Wäscheleine hingen zwei Felle zum Trocknen und flatterten laut im Wind.

Als ich schon kurz davor war, die Sache abzublasen, sprang die Tür auf, und ein Mann kam heraus. Er gehörte zu den Menschen, die mindestens zwanzig Jahre älter aussehen, als sie tatsächlich sind, denn durch seine sonnengegerbte Haut, die vielen Fibrome auf den Augenlidern und seine angespannte Haltung wirkte er müde und verlebt. Sein zerfurchtes Gesicht erzählte Geschichten, die ich lieber nicht hören wollte. Mich interessierte nur, was mit Bonny passiert war.

»Sprechen Sie deutsch?«, versuchte ich mein Glück. Er nickte, also kam ich ohne Umschweife zur Sache und zeigte ihm ein Foto von Bonny auf meinem Handy: »Ich suche diesen Hund. Haben Sie ihn zufällig gesehen?«

»Wer hat Ihnen den Weg hierher gezeigt?«, regte er sich stattdessen auf und schaute mich drohend an.

Doch ich ließ mich nicht einschüchtern.

»Der Taxifahrer!«, antwortete ich und starrte auf seinen Overall, der mit Blutspritzern und anderen vertrockneten Substanzen übersät war.

»Ich kenne den Hund nicht!«, winkte er ab und steckte sich eine filterlose Zigarette an.

Offensichtlich hatte er keine Lust auf ein Gespräch mit

mir, doch so schnell ließ ich nicht locker und fasste noch einmal, diesmal freundlicher, nach.

»Schauen Sie sich das Tier bitte noch einmal an. Es war vor ungefähr sieben Monaten.«

»Sieben Monate?« Er lachte dreckig, bis er husten musste. »Ich habe in der Zeit viele Hunde gesehen«, wich er aus, und die Felle auf der Wäscheleine flatterten zustimmend.

»Ja, und ich habe mit Leuten gesprochen, die mir berichtet haben, dass Sie auch meinen Hund getroffen haben!«, insistierte ich. Das war natürlich gelogen, aber ich hoffte, mit meinem Pokerspiel seine Erinnerung anzukurbeln. Tatsächlich wurde der Mann jetzt unsicher, er überlegte und blies mir den Rauch seiner Zigarette ins Gesicht. Der Tabak stank zwar fürchterlich, überdeckte aber den allgegenwärtigen Verwesungsgeruch.

»Dieser Hund hatte ein Halsband. Er war kein Streuner!«, betonte ich.

Doch der Hundefänger schüttelte nur den Kopf. Erneut hielt ich ihm das Display vor die Nase. Dann wischte ich zum nächsten Bild von Bonny in der Hoffnung, dass er sie erkennen würde.

»Dios mío! Das ist ja der Diablo blanco!«, rief er plötzlich erstaunt und schüttelte ungläubig seinen Kopf.

»Diablo blanco« bedeutete »weißer Teufel«, so weit reichten meine Spanischkenntnisse dann doch. Verwirrt schaute ich auf den Bildschirm und erkannte, dass auf dem zweiten Bild auch Pippa zu sehen war.

»Wo haben Sie das Bild gemacht?«, fragte er mit einem Blick, als ob der Leibhaftige ihm begegnet wäre.

»Kennen Sie die beiden Hunde?«

Anstatt einer Antwort gab es misstrauische Blicke.

»Wenn Sie mir alles erzählen, lasse ich Sie in Ruhe«, versprach ich ihm. Doch der Hundefänger winkte nur ab, ganz wie ein Typ, der keinem anderen Menschen vertraute, weil ihm das Leben zu oft einen Strich durch die Rechnung gemacht hatte. Aber so kurz vor dem Ziel wollte und konnte ich nicht aufgeben, und ich glaubte auch zu wissen, wo ich bei ihm den Hebel ansetzen konnte.

»Pass auf, ich kann dich verstehen«, schlug ich einen kumpelhaften Ton an. »Du willst keinen Ärger mit irgendwelchen Touristen, die hier Urlaub machen, während du schuftest. Aber ich bin Grieche, und wir Südländer können uns vertrauen, oder nicht? Ich will nur wissen, was mit den beiden Hunden los war, mehr nicht!«

»Du bist Grieche?«, fragte er, und zum ersten Mal sah ich so etwas wie die Andeutung eines Lächelns.

»Ja, das bin ich. Und jetzt gib mir eine Zigarette und sag endlich, was mit den beiden Hunden war!«

Er brummte missmutig, hielt mir aber die Schachtel hin. Obwohl ich schon lange mit dem Rauchen aufgehört hatte, steckte ich mir eine an. Da musste ich jetzt durch. Die Zigarette schmeckte natürlich fürchterlich und zwang mich zum Dauerhusten. Wieder huschte so etwas wie ein Lächeln über sein Gesicht. Während er mir auf den Rücken klopfte, begann er seine Geschichte zu erzählen. Ich rauchte derweil die ekelhafteste Zigarette meines Lebens.

Der weiße Teufel

Ich heiße José Alvarez und möchte klarstellen, dass ich kein Hundefänger bin. Ich habe in meinem Leben viele Berufe ausgeübt, ich war Kellner, Matrose, Taxifahrer und was weiß ich nicht alles. Ich war auch viele Jahre verheiratet und habe zwei Kinder.

Meine Ehe ist kaputtgegangen, weil meine Frau sagte, dass ich zu viel Zeit mit Glücksspiel verbringe. Gut, ich habe viel Geld beim Kartenspiel verloren, aber deswegen kann eine Frau doch nicht ihren Mann verlassen, oder?

Seit ich alleine lebe, halte ich mich mit Gelegenheitsjobs über Wasser, und manchmal ist das eben Hunde fangen und ihnen die Spritze geben. Ansonsten werde ich gerufen, um Ratten zu jagen oder Ungeziefer zu beseitigen. Ich tue das nicht aus Überzeugung oder weil es mir Spaß macht. Es ist einfach nur ein Job.

Eines Tages bekam ich einen Anruf. Der Chefkoch eines großen Luxushotels hatte den »diablo blanco« auf dem Gelände entdeckt. Hinter diesem gefährlichen Namen verbarg sich ein kleiner weißer Streuner, der seit Wochen das Küchenpersonal einiger Hotels zum Narren hielt. Der Köter schlich sich immer in die Speisekammern und machte sich dann mit Schinken oder anderen Spezialitäten davon. Das Vieh hatte wirklich einen Riecher dafür, was gut und teuer war, ganz anders als die anderen Streuner – die geben sich immerhin mit dem zufrieden, was sie im Müll finden.

Alle hassten den kleinen, verwöhnten Teufel. »Schnapp diesen Köter, und du kriegst fünfzig Euro!«, sagte man mir. Natürlich hatte ich mehrfach versucht, den unverschämten Räuber auf frischer Tat zu ertappen, aber bislang war er mir immer entwischt. Ich vermute, er konnte mein Auto riechen.

Doch an diesem Abend wollte ich mich nicht noch einmal zum Gespött eines Hundes machen lassen. Ich parkte meinen Wagen in einiger Entfernung und schlich mich zu Fuß heran.

Als der dreiste Dieb gerade aus dem Hinterausgang raus wollte, lief er geradewegs in mein Netz. Er zappelte wie ein Fisch und bellte sich die Seele aus dem Leib, aber das brachte nichts. Ich lachte ihn aus und gab ihm den einen oder anderen Tritt! Das hatte er verdient! Dann verfrachtete ich ihn ins Auto und fuhr los.

Auf dem Weg zu meiner Baracke musste ich an einer Apartmentanlage vorbei, die überwiegend von Ausländern bewohnt wird. Da entdeckte ich im Schein einer Laterne einen kleinen braunen Hund auf dem Bürgersteig. Wieder ein Streuner! Das ist mein Glückstag, dachte ich.

Ich hielt an und stieg aus. Der kleine Hund lief geradewegs auf mich zu und schaute mich mit großen Kulleraugen an. Obwohl ich Hunde nicht mag, fand ich ihn niedlich. Als ich das Halsband sah, wurde mir aber klar, dass er kein Streuner war. Der Besitzer des Hundes musste in der Apartmentanlage wohnen.

Da begann der andere Köter im Lieferwagen laut zu bellen. »Halt's Maul, du Teufel!«, brüllte ich, was nur bewirkte, dass er noch lauter kläffte. Lichter gingen an, und einer der Bewohner schaute neugierig aus dem Fenster. Bloß keinen Ärger mit den Fremden, sagte ich mir, und stieg in den Lieferwagen. Den kleinen Hund mit dem Halsband ließ ich zurück, der würde schon sein Herrchen finden.

Doch als ich einige Kilometer gefahren war, hörte ich ein Winseln von der Rückbank. Es war der kleine braune Hund, der unbemerkt in den Wagen gesprungen sein musste, als ich kurz abgelenkt war. Umkehren und ihn wieder vor den Ferienhäusern absetzen, kam für mich nicht infrage, dazu war ich jetzt zu müde. Außerdem hatte ich Angst, dass mich jemand dabei sah und dann gedacht hätte, dass ich markierte Hunde einsammelte, also fuhr ich weiter. Den kleinen Hund wollte ich am nächsten Tag irgendwo in der Stadt absetzen.

Erleichtert und kaputt erreichte ich meine Baracke. Jetzt galt es als Erstes, den weißen Teufel »in den Schlaf zu schicken«, so nenne ich das immer. Den anderen Hund hatte ich im Badezimmer eingesperrt.

Wie ich mir den weißen Köter so anschaute, wurde ich richtig wütend. Der frisst Schinken und Salami, und ich kann mir nur Konserven leisten! Der hat es doch besser als ich mit meinem beschissenen Leben. Meine Ehe war kaputt, meine Kinder hielten mich für einen Versager, und mein Chef behandelte mich wie Hundescheiße!

Während mir das alles durch den Kopf schoss, fing das Mistvieh wieder an zu bellen. Erst als ich die Spritze und das Gift aus einem Karton holte, wurde es still – der kleine Teufel ahnte wohl, was ihm bevorstand. Da tauchte plötzlich der braune Hund auf, der irgendwie aus dem Badezimmer entkommen war.

»Was willst du denn hier? Das ist nichts für dich!«, schimpfte ich und zog mit der Spritze das Gift ein. Doch der kleine Hund warf mir traurige Blicke zu und schmiegte sich an mein Knie wie eine Katze. Da wurde ich für eine Sekunde schwach. Aber eben nur für eine Sekunde: »Lass mich in Ruhe, du verfluchter Köter! Dir geht es doch viel besser als mir! Deine Besitzer machen hier schönen Urlaub, während ich in dieser Hütte hause!« Wütend nahm ich ihm das Halsband ab. »Na gut, dann bist du jetzt auch fällig!«

Doch gerade als ich die Spritze ansetzen wollte, passierte etwas völlig Unerwartetes. Der weiße Köter hob sein Bein und pinkelte auf meine Hose.

Ich war so geschockt, dass ich gar nicht reagieren konnte. Fassungslos starrte ich auf das triefend nasse Hosenbein. Aber damit nicht genug. Der Teufel sprang gegen die Tür, die ich wohl nur angelehnt hatte, sodass sie aufschwang. Aber anstatt sofort hinauszulaufen, bellte er seinen Kollegen an, bis der vorauslief. Erst dann machte er sich auch davon.

Ich blieb immer noch wie angewurzelt stehen. Es dauerte eine Weile, bis ich meine Fassung wiedergewann und nach draußen lief. Doch die Dunkelheit hatte die beiden Hunde verschluckt. Ich lief fluchend hin und her, aber die beiden waren über alle Berge. Du kannst mir glauben, ich brüllte so laut vor Wut, dass man mich wahrscheinlich noch in Las Palmas hören konnte, und spuckte den beiden Hunden hinterher. Um keinen Ärger mit dem Besitzer des braunen zu bekommen, warf ich das Halsband weg. Bevor du mich nach den beiden gefragt hast, habe ich keinen Gedanken mehr an die Köter verschwendet. Warum auch? Offenbar hatten sie die Stadt verlassen, denn die Köche beschwerten sich nicht mehr über den »diablo blanco«. Mir kamen sie jedenfalls nicht mehr unter die Augen.

Drei Brüder

So weit Josés Geschichte. Ich hatte keinen Anlass, ihm nicht zu glauben, denn warum sollte er mich anlügen? Er kam ja nicht besonders gut dabei weg. Außerdem klang alles sehr plausibel, was er über Bonny gesagt hatte.

Nachdem sie vor den Böllern geflohen war, irrte sie durch die Stadt und schlug sich bis zum Haus von Ellen durch. Doch die Tür war verschlossen und ihr Frauchen nicht mehr da, weil sie ja nach Deutschland zurückgeflogen war. Die zutrauliche Bonny schloss sich dem erstbesten Menschen an, den sie vor dem Haus antraf, dummerweise war es der Hundefänger.

Da sie in der Nacht nicht alleine bleiben wollte, sprang sie einfach in seinen Wagen und fuhr mit. Typisch Bonny eben. Ihre Anhänglichkeit wurde ihr aber fast zum Verhängnis. Hätte Pippa sie in der Baracke nicht zum Mitkommen aufgefordert, hätte sie den Abend nicht überlebt.

Nachdem ich José versichert hatte, dass ich ihm keinen Ärger wegen der Geschichte machen würde, fuhr ich wieder in Ellens Häuschen. Ich war froh, das Flattern der Tierfelle auf der Wäscheleine nicht mehr hören zu müssen.

Was sollte ich über José denken? Er war Gefangener seines Schicksals und musste selbst damit klarkommen. Richten sollten andere über ihn. Aber ich fand es bemerkenswert, dass er mir die Geschichte überhaupt erzählt hatte. In der Nacht war ich derart aufgewühlt, dass ich nicht schlafen konnte. José ging mir nicht aus dem Kopf. Was für ein Leben er in der Einöde führte! Er jagte herrenlose Hunde, vergiftete sie und lebte in Dreck und Schmutz. Das Schicksal hatte ihm übel mitgespielt.

Ich musste an Pippa denken, die völlig zu Unrecht »weißer Teufel« genannt wurde. Im Gegenteil, sie war ein Engel, denn sie hatte Bonny offenbar das Leben gerettet. Sie hatte nicht egoistisch gehandelt, sondern gewartet, bis Bonny in Sicherheit war. Dabei kannte Pippa Bonny gar nicht. Sie waren sich ja offenbar das erste Mal bei José begegnet.

Hätte ich in einer lebensbedrohlichen Situation auch so gehandelt? Einem Fremden geholfen, bevor ich meine eigene Haut rettete? Lieber nicht daran denken … Auf jeden Fall hatte ich einen Heidenrespekt vor Pippa!

Nun war das erste Teil des Puzzles gefunden, ich wusste jetzt, wie Pippa und Bonny sich kennengelernt hatten. Die schreckliche Nacht in der Baracke hatte sie zusammengeschweißt. Von da an blieben sie beisammen, trotz aller »Klassenunterschiede«: Auf der einen Seite die verwöhnte Bonny aus dem wohlhabenden Norden, auf der anderen Seite ein Straßenhund aus Gran Canaria, der sein Futter aus den Speisekammern von Hotels klaute. Trotzdem hielten sie, als sie in Lebensgefahr gerieten, zusammen. Das imponierte mir sehr.

Aber wie ging es mit den beiden weiter? Ich musste herausfinden, wie die Hunde es geschafft hatten, die Insel zu verlassen. Nur wie sollte ich das anstellen? Wo konnte ich anfangen?

An meinem letzten Tag auf der Insel schlenderte ich durch die Stadt und machte noch ein paar Besorgungen. Ich war bester Dinge, denn immerhin hatte ich etwas herausgefunden, das ich Ellen präsentieren konnte. Insgeheim klopfte mir zufrieden auf die Schulter.

Als ich mehr zufällig am Hafen vorbeikam, entschied ich mich, am Pier entlangzuspazieren. Ich atmete die kühle, salzige Meeresbrise ein. Die ekelhaften Gerüche vom gestrigen Abend bei José, der ganze Gestank von Müll, den Kadavern und verfaulten Lebensmitteln war wie weggeblasen. Zufrieden schlenderte ich weiter und genoss das Treiben am Hafen, das mich an meine Kindheit erinnerte, als ich in Piräus sehnsüchtig den auslaufenden Schiffen hinterhergeschaut hatte.

Mein Blick erfasste eine Autofähre, und ich fragte mich, wohin sie wohl fuhr. Ein freundlicher Hafenpolizist erklärte mir, dass sie Gran Canaria mit dem spanischen Festland verband. Ich wunderte mich, weil ich immer gedacht hatte, dass man die Kanarischen Inseln nur per Flugzeug erreichen konnte. Immerhin lag Gran Canaria circa 1500 Kilometer vom Festland entfernt!

Einige Männer, offenbar gehörten sie zur Besatzung, saßen entspannt auf den Pollern und rauchten. Sie waren asiatischer Herkunft, ich schätzte aus Thailand oder von den Philippinen. Einer von ihnen fiel mir besonders auf. Er hatte dichte Haare und sehr freundliche und wache Augen. Als er aufstand und an mir vorbeiging, stutzte ich. Auf seinem weißem T-Shirt waren zwei Hunde abgebildet, die mir ziemlich bekannt vorkamen: Bonny und Pippa! Was hatte das zu bedeuten?

»Sir! One moment, please!«, rief ich und lief hinter dem Mann her. Er drehte sich um und schaute mich fragend an. Nun konnte ich es ganz deutlich erkennen: Es waren ohne Zweifel Bonny und Pippa! »Darf ich fragen, woher Sie dieses T-Shirt haben? Ich kenne diese beiden Hunde!«

»Sind Sie sicher?«, fragte er aufgeregt und glättete das Bild auf seiner Brust.

»Sehr sicher!«

Ich kramte mein Handy hervor und zeigte ihm ein Foto der beiden. Als er sie sah, strahlte er über das ganze Gesicht: »Das ist unglaublich!«

Ich erklärte ihm, dass die beiden jetzt in Deutschland lebten und dass ich herauszufinden versuchte, was ihnen widerfahren war.

»Sie leben also! Gott sei Dank! Ich habe oft für meine beiden Brüder gebetet und ... und ...« Die Stimme des Mannes versagte. Er bekam feuchte Augen, und dann schüttelte er sehr herzlich und lange meine Hände, während ich mich über seine Worte wunderte. Was hatte er gesagt? Seine Brüder?

Nachdem er sich einige Tränen abgewischt hatte, stellte er sich vor. Er hieß Khoa und arbeitete auf der Fähre als Matrose. Er war gerne bereit, mir seine Geschichte zu erzählen. Wir gingen in ein nahes Café und verbrachten dort den ganzen Nachmittag.

Auf hoher See

Khoa stammte aus einem kleinen Dorf auf den Philippinen. Die Armut machte den Bewohnern dort sehr zu schaffen. Es gab einfach keine Arbeit, und wer konnte, zog auf der Suche nach einer Verdienstmöglichkeit in die Hauptstadt Manila. Khoa hatte überdies eine große Familie zu ernähren: eine Ehefrau, zwei Kinder, seine Eltern, die Schwiegereltern und Tante und Onkel.

Darum war er außerordentlich erleichtert, dass er als Matrose auf einer Fähre anheuern konnte. Zwar verdiente er im Vergleich zu den Europäern auf dem Schiff viel weniger, aber doch genug, dass es für seine Familie reichte. Dafür musste er in Kauf nehmen, dass er sie nur einmal im Jahr sehen konnte. Er arbeitete 14 Stunden am Tag und schlief in einer kleinen Kabine, die direkt neben den Maschinenräumen lag, wo es permanent rumpelte und vibrierte.

Trotzdem beklagte er sich nicht, weil viele seiner Landsleute zu gern mit ihm getauscht hätten. Seine knappe Freizeit verbrachte er einsam in seiner Koje und dachte an seine Familie zu Hause: an seine Frau, die er sehr liebte, und an seine Kinder, die ohne ihn heranwuchsen. Und er hatte Angst, dass seine kranke Mutter starb, bevor er sich von ihr verabschieden konnte. Er verehrte seine Eltern, die ihm beigebracht hatten, dass es zwei Arten von Menschen gab: gute und böse. Er versuchte immer, ein guter Mensch zu sein, und deswegen war er immer höflich zu den Passagieren und wich jedem Streit aus, den der launische Chef anzettelte. Nie verlor er sein Lächeln.

Als Khoa eines Abends weit nach Mitternacht erschöpft in seine bescheidene Kabine wollte, entdeckte er hinter dem Feuerlöscher im Gang einen kleinen braunen Hund, unsere Bonny, die ihn mit großen Kulleraugen anschaute. Er hatte sofort Mitleid mit ihr und nahm sie auf den Arm. Daraufhin kuschelte sie sich wie ein Baby an ihn und leckte ihm die Nase. Der Erfolg dieser Schmusetour blieb nicht aus: Khoa wollte den kleinen Hund in seine Kabine mitnehmen. Doch bevor er die Tür hinter sich schließen konnte, flitzte auch Pippa, die sich bis jetzt im Hintergrund gehalten hatte, mit hinein. Bonny hatte ihre Rolle als Lockvogel perfekt gespielt, denn nun schaute Khoa in vier große Hundeaugen. Die beiden Hunde trugen zwei Halsbänder, ein rotes und ein blaues, aber ein Herrchen war nicht in Sicht. Stattdessen wurden Stimmen laut.

»Die Köter müssen hier vorbeigelaufen sein! Wenn wir die Biester erwischen, schmeißen wir sie ins Meer!«, hörte er die Stimme des ersten Offiziers. Er darf sie auf keinen Fall finden, schoss es Khoa durch den Kopf, und leise schloss er die Tür seiner Kabine. »Ihr dürft nicht bellen!«, flüsterte er und strich beiden Hunden sanft über das Fell. Dann hielt er den Atem an, als sich Schritte näherten und wieder entfernten.

Nachdem im Gang wieder Ruhe eingekehrt war, gab er den beiden Flüchtlingen zu trinken. Sie hatten bestimmt Hunger, sagte er sich, und teilte kurzerhand sein Essen mit ihnen. Aber während Pippa den gebratenen Reis und das Gemüse gerne fraß, zierte sich die verwöhnte Bonny. Khoa machte sich Sorgen und überlegte, was er tun sollte, damit Bonny zu fressen begann, doch das war nicht nötig: Pippa schob Bonny zum Teller und knurrte leise. Daraufhin fraß Bonny endlich ihren Reis auf. Wo kamen die beiden Hunde nur her? Sie trugen zwar Halsbänder, aber darauf war kein Hinweis auf den Besitzer angebracht – und auf dem Schiff waren sie offensichtlich unerwünscht. Bis zu diesem Zeitpunkt hatte Khoa überhaupt keinen Kontakt mit Hunden gehabt. In seinem Dorf gab es keine, weil man sie als unnütze Mitesser ansah und verjagte. In Khoas Kabine genossen sie jedoch Gastrecht. Obwohl es streng verboten war, versteckte er die Vierbeiner in seiner kleinen Kajüte vor dem ersten Offizier. Khoa hatte nämlich schon einmal beobachtet, wie sein Vorgesetzter seine Drohung bei einer streunenden Katze wahrgemacht hatte, und das wollte er den Tieren ersparen.

Offenbar wussten auch die Hunde, was ihnen blühte, und deswegen blieben sie gerne bei Khoa, wo sie es zwar eng, aber gemütlich hatten. Die kleine Kabine verfügte nicht einmal über ein Bullauge, doch Khoa, der die Streuner ins Herz geschlossen hatte, versuchte ihnen die Lage so angenehm wie möglich zu machen. Er legte für sie zwei Decken aus und ging mit ihnen heimlich im Schutze der Nacht auf dem Deck Gassi, danach legten sie sich schlafen.

Khoa riskierte viel, seine ganze Existenz, aber er wollte nicht so hartherzig sein wie sein Chef. Am nächsten Tag kehrte er darum gegen Mittag wieder in seine Kabine zurück und schmuggelte seine neuen Freunde in einem Seesack nach draußen, wo sie sich in einem für die Passagiere gesperrten Bereich erleichtern konnten. Natürlich war er besorgt, ob die Hunde während seiner Abwesenheit Unsinn anstellten, deswegen schärfte er ihnen bei seinem Abschied wieder ein: »Ihr dürft nicht bellen, wenn ich nicht da bin. Ich werde sonst entlassen, und meine Familie muss hungern! Habt ihr mich verstanden?«Und Bonny und Pippa nickten, als wenn sie der menschlichen Sprache mächtig wären.

Als Khoa nach einem langen Arbeitstag völlig erschöpft zurück in die Kabine kam, leckten die beiden vor Freude seine Nase ab. Die drei verbrachten auch die zweite Nacht auf engstem Raum miteinander, und erneut gab es keinerlei Stress oder Probleme. Na ja, manchmal pupste Bonny, und dann roch es schon sehr nach tausendjährigen Eiern. Khoa hielt sich jedes Mal die Nase zu, aber er schimpfte nicht, im Gegensatz zu Pippa, die Bonny ärgerlich mit der Nase knuffte.

»Du darfst nicht schimpfen! Menschen sind auch nicht perfekt, warum sollten es kleine Hunde sein?«, sagte er zu Pippa, wenn sie wieder einmal Bonny anknurrte. Allerdings warf auch Pippa die eine oder andere Stinkbombe in die Kajüte, was Khoa ihr aber auch nicht übel nahm.

Natürlich fragte sich Khoa, woher die beiden Hunde kamen und warum sie sich auf das Schiff geschlichen hatten: »Wenn ihr sprechen könntet, würdet ihr mir das schon erzählen, da bin ich mir ganz sicher!« Auch wenn die Vierbeiner ihm ihre Geschichte nicht berichten konnten, fühlte er, dass sie ihn verstanden.

Als ihn diese Nacht die Sehnsucht nach seiner Familie wieder einmal besonders schlimm ergriff und ihm vor Heimweh die Tränen kamen, trösteten ihn die beiden Hunde und brachten ihn auf andere Gedanken: Bonny kuschelte sich an ihn heran, und er griff in ihr warmes Fell, was ihn gleich beruhigte. Pippa ihrerseits legte ihm ihre Vorderpfoten auf den Arm und schaute ihn mit ihren großen Augen und dem hervorstehendem Zahn an. Das munterte ihn wieder auf. Er musste lachen und vergaß sein Heimweh und seine Einsamkeit. Natürlich machte er auch Fotos von seinen Mitbewohnern, die er seinen Kindern schicken wollte – da würden sie staunen!

Den Rest der Nacht hatten die drei dann viel Spaß zusammen. Khoa brachte Bonny den ein oder anderen Trick bei, wie Rolle machen oder auf zwei Pfoten stehen. Pippa allerdings machte nicht mit, was er ihr aber nicht übel nahm. Für ihn war sie ein ganz besonderer Hund. Er hatte derart großen Respekt vor Pippa, dass er ihr keinen Namen gab. Er war ja nicht der Besitzer oder das Herrchen. Und so nannte er Pippa »großer Bruder« und Bonny hieß »kleiner Bruder«!

Auf die Idee, sie zu verraten, wäre er niemals gekommen. Warum auch? Er hätte ja auch seine Brüder niemals verraten.

Natürlich wusste Khoa, dass er seine neuen Freunde nicht ewig in seiner Kabine verstecken konnte, zumal seine Kollegen sich wunderten, warum er gar nicht mit in die Gemeinschaftsräume kam und sogar sein Essen mit in die Kajüte nahm. Er mochte nicht daran denken, was mit den beiden Hunden passieren würde!

Als die Fähre in Cádiz anlegte, hatte Khoa Dienst und wähnte Bonny und Pippa weiterhin sicher versteckt in der Kabine.

Nach dem Ausladen des Autos kehrte er zurück in die Kajüte, fand sie aber leer vor. »Mir war klar, dass sie ihre Reise fortgesetzt hatten! Leider konnte ich mich von den beiden nicht mehr verabschieden.«

 Wir sind gute Schiffshunde!

Mit uns wäre die Titanic nicht untergegangen.

 Wir hätten den Kapitän vor dem Eisberg gewarnt!

Ein Plan entsteht

Sie wissen nicht, wie glücklich ich bin, dass es meinen Brüdern gut geht.« Nach diesen Worten verneigte er sich höflich und wischte sich einige Tränen aus den Augen.

»Ich würde sie so gerne wiedersehen, aber das ist leider nicht möglich. Ich bekomme keinen Sonderurlaub!«, meinte er bedauernd.

»Ich bin mir sicher, dass die beiden oft an Sie denken«, sagte ich und stellte etwas überrascht fest, dass ich es auch wirklich so meinte.

»Das kann sein, sie haben einen guten Charakter und vergessen nicht so leicht. Ich jedenfalls habe sie immer in meinem Herzen!«, versicherte er mir.

Seine Worte rührten mich an. Ich glaubte ihm jedes Wort. Khoa ließ seinen Blick über das Meer schweifen. Dachte er gerade an Bonny und Pippa?

Er las meine Gedanken: »Sie waren so friedlich und hatten so liebe Augen … Wenn ich daran denke, macht mich das traurig. Das klingt komisch, aber es ist so. Warum können die Menschen nicht so friedfertig sein?«

»Aber es gibt Menschen, die so sind. Sie zum Beispiel!«, versuchte ich ihn aufzumuntern.

»Oh nein, Sir! Auch ich kann böse und gemein werden!«, betonte er, was ich ihm aber keine Sekunde lang glaubte. Anschließend sahen wir uns eine Weile still an.

»Khoa! Khoa!«, rief ein Matrose vom Pier und riss uns aus unseren Gedanken.

»Oh, ich muss jetzt zur Arbeit! Haben Sie eine gute Reise, Sir! Sie haben mir mit Ihrem Besuch eine große Freude gemacht!«, sagte er leise und reichte mir die Hand.

»Ich muss mich bedanken!«, erwiderte ich höflich.

Dann trennten sich unsere Wege. Er ging auf die Fähre, ich zum Taxistand. Aber dann hörte ich ihn noch einmal rufen: »Sir!«

Ich drehte mich um. Khoa hob seine linke Augenbraue hoch und entblößte einen Schneidezahn. Ich tat es ihm gleich. Es war wie der Gruß eines Geheimbundes, deren Vorsitzende Pippa war. Dann brachen wir in lautes Gelächter aus, und nur wir beide kannten in diesem Moment den Grund.

Während ich langsam die Landungsbrücke entlangschlenderte, ließ ich alles Revue passieren.

Khoas Worte machten mich nachdenklich. Es gibt gute Menschen und es gibt böse, hatte er gesagt. Das klang zwar banal, aber auch irgendwie weise. Mit Sicherheit gehörte Khoa zu den Guten. Ihm ging es als Matrose nach westeuropäischen Standards nicht blendend, aber immerhin konnte er seine Familie ernähren und sogar etwas Geld auf die Seite legen. Er hatte immer seine Würde und Menschlichkeit bewahrt. Unbewusst hielt er uns Wohlstandsbürgern mit seiner Bescheidenheit einen Spiegel vor.

Aber nicht nur das. Er half den beiden Hunden, obwohl es ihn seinen wertvollen Job hätte kosten können. Und noch etwas gab mir zu denken: Von klein auf war ihm eingetrichtert worden, dass Hunde dem Menschen das Essen wegnehmen, und das mag wohl in seinem Dorf auch der Fall gewesen sein. Er hätte also durchaus Gründe gehabt, die beiden Streuner wegzuschicken.

Khoa hat sich wahrscheinlich nicht vernünftig verhalten, aber er hat auf sein Herz gehört, weil er wusste, dass er sich selbst treu bleiben musste.

Hätte ich an seiner Stelle auch so gehandelt? Gehörte ich zu den guten Menschen?

Als ich am Nachmittag im Ferienhaus saß und Bonnys und Pippas Abenteuer beim Hundefänger und auf dem Schiff aufschrieb, fasste ich einen Plan. Ellen sollte noch nicht erfahren, was ich auf Gran Canaria herausgefunden hatte. Ich wollte abwarten, was ich noch über die Reise der beiden Hunde recherchieren würde. Das wollte ich alles aufzeichnen und Ellen zum Geburtstag schenken als persönliches Bonny-&-Pippa-Reisebuch! Bei so einem Geschenk würde sie bestimmt nie wieder daran zweifeln, dass ich mich nicht für sie interessierte, sondern auch ihre vierbeinigen Anhängsel akzeptierte. Bevor ich zurückflog, bat ich Onkel Egon, neue Suchzettel zu verkleben, diesmal allerdings mit meiner Telefonnummer.

Zurück in Deutschland, begrüßten mich Bonny und Pippa wie einen alten Bekannten und sprangen mich freudig an, als Ellen die Tür öffnete.

»Schönen Gruß von Khoa!«, richtete ich ihnen leise aus und kraulte beide ausgiebig. Forschend schaute ich in ihre Augen, und auf einmal, nachdem ich so viel über sie erfahren hatte, waren mir die beiden Hunde nicht mehr ganz so fremd. Wir teilten ein Geheimnis. Und ich hatte Respekt vor dem, was sie auf Gran Canaria und auf der Fähre erlebt hatten. Das hätte ich ihnen niemals zugetraut.

Nicht nur Ellen, sondern auch Sophie beobachteten überrascht, wie ich mit Bonny und Pippa dann auf dem Sofa saß und sie gebannt anstarrte, als würden sie mir noch mehr von ihrer Reise erzählen, wenn ich ihnen nur genau zuhörte.

Aber schnell hatten die beiden genug von meinen bohrenden Blicken und hopsten auf den Teppich. Ellen hätte sich bestimmt über ihre tierischen Abenteuer auf Gran Canaria gewundert, aber ich hielt mich zurück, ihr sofort alles zu erzählen, obwohl es mir schwerfiel.

Natürlich blieben noch etliche Fragen offen: Wie waren die beiden Hunde überhaupt auf das Schiff gekommen? Offensichtlich alleine und ohne Begleitung. Aber hatten sie bewusst die Fähre ausgesucht? Das würde ja voraussetzen, dass sie wussten, dass Gran Canaria eine Insel war, die man nur per Flugzeug oder über den Seeweg verlassen konnte.

Jetzt, wo Pippa schnaufend an einem Knochen nagte und Bonny faul in ihrem Körbchen döste, konnte ich die beiden kaum noch mit den cleveren, einfühlsamen Wesen in Verbindung bringen, von denen Khoa erzählt hatte. Das waren doch einfach nur ganz normale Hunde. Der eine aktiv, der andere faul. Meine Skepsis kehrte zurück. Wie hatte ich nur so sentimental sein können?

Hey, diablo blanco! Was willst du in Spanien? Das Leben als Straßenhund ist doch viel zu gefährlich. Komm mit nach Deutschland. Ich habe dort ein Frauchen, das uns verwöhnen wird. Es ist das reinste Hundeparadies!

 Das ist eine super Idee! Aber zuerst müssen wir von dieser verdammten Insel runter. Das geht am besten auf dem Schiff, dort können wir als blinde Passagiere mitfahren!

Das kleine Gassi-Alphabet

Am nächsten Tag saß ich alleine in meinem Arbeitszimmer und ließ meinen Blick über die Karte schweifen. Zufrieden klopfte ich mir innerlich selbst auf die Schulter. Es war an der Zeit, die ersten Stecknadeln anzubringen. Stolz holte ich aus dem Döschen zwei Nadeln und pikste sie auf Gran Canaria und Cádiz! Ich fühlte mich wie Sherlock Holmes, der den ersten Teil eines komplizierten Falls gelöst hatte.

Wie gerne hätte ich Ellen angerufen und ihr von meinem Erfolg erzählt!

Die ersten beiden Stationen hatte ich nun herausgefunden. Immerhin mehr als mein skeptischer Sohn Konstantin mir zugetraut hatte. Gedankenversunken saß ich im Schreibtischstuhl, die Arme hinter dem Kopf verschränkt, und überlegte, wie es für die Hunde weitergegangen sein konnte.

Die Fähre hatte also in Cádiz angelegt. Da ich nichts über die Stadt wusste, besorgte ich mir übers Internet einige Infos. Wie sah der Hafen aus? Welche Verkehrsverbindungen gab es? Ich schaute mir die Stadt bei Google Maps an. Hatte sie jemand am Fähranleger aufgegabelt und mitgenommen? Am liebsten wäre ich sofort in den Wagen gesprungen und dorthin gefahren, aber erstens hatte ich keine Zeit, weil ich arbeiten musste, und zweitens hätte ich nicht gewusst, wie ich vor Ort recherchieren sollte. Anders als auf Gran Canaria kannte ich dort keinen Menschen. Das Risiko wollte ich nicht eingehen.

Auch als ich abends im Bett lag, kreisten meine Gedanken noch um Bonny und Pippa. Ihre Abenteuer beim Hundefänger und auf der Fähre hatten sie mir nähergebracht. Aber ich musste zugeben, dass ich immer noch keine Ahnung vom Wesen eines Hundes hatte. Wie tickte ein Hund wirklich?

Und dann bekam ich unverhofft die Chance, es herauszufinden. Ellen musste geschäftlich für einige Tage fort und fragte mich, ob ich die Hunde nicht für diese Zeit in meiner Wohnung aufnehmen konnte. Ich wollte das Experiment wagen und willigte ein: »Mache ich. Praktischerweise ist bei mir in der Nachbarschaft ein kleiner Park, wo sie sich austoben können!«

Ich tat so, als würde mir die Anwesenheit der beiden nichts ausmachen. In meiner Dreizimmerwohnung war tatsächlich genug Platz für uns alle, und ich dachte an Khoa, der auf engstem Raum mit ihnen gehaust hatte.

Ellen war überrascht und erfreut über meine bereitwillige Zusage. »Und glaube mir, bald wirst du eine ganz neue Meinung von Hunden haben!«, prognostizierte sie.

In der Tat gab es einige Vorurteile, die es zu überwinden galt! Beispielweise, dass Hunde haaren und stinken.

 *Hunde stinken nicht!*

Wir haben nur einen etwas
anderen Körpergeruch.

Das Haarproblem löste ich dadurch, dass ich Decken über mein Sofa und die Rückbank meines Autos warf. Natürlich besorgte ich mir Bücher und Zeitschriften über Hunde. Ich wollte um keinen Preis etwas falsch machen und mir vor Ellen eine Blöße geben. Es gab zahlreiche Bücher über Hundeerziehung, Hundeernährung und Hundekosmetik. Es dauerte natürlich nicht lange, und die Bücher landeten nur halb gelesen in der Ablage. Ich wollte Bonny und Pippa nicht erziehen und auch keine Tipps zur besseren Fellpflege lesen.

Als Ellen bei einer Gelegenheit meine kleine Hundebibliothek entdeckte (was mir natürlich peinlich war), lächelte sie irgendwie gerührt und sagte: »Du lernst die beiden viel besser kennen, wenn du Zeit mit ihnen verbringst. Du brauchst keine Gebrauchsanweisung über Hunde zu lesen, du musst einfach nur mit ihnen Gassi gehen!«

Aber den Tipp hätte sie sich sparen können, denn mir war natürlich klar, dass die Hunde Auslauf brauchten!

Dann kam der große Tag, und Ellen brachte Bonny und Pippa zu mir. Als die kleine Bonny mich sah, sprang sie mich gut gelaunt an, bellte freudig und wedelte heftig mit dem Schwanz. Zunächst war ich unsicher, wie ich darauf reagieren sollte, denn vielleicht hatte sie Flöhe oder andere kleine Tiere, die sich in meiner Wohnung niederlassen wollten, aber dann sprang ich über meinen Schatten, streichelte sie und kraulte ihr die Ohren, was sie besonders gern mochte.

Dass ich anschließend heimlich meine Hände wusch, will ich nicht verhehlen. Aber meine diskrete Desinfektion schien den beiden Hunden egal zu sein. Genauso wenig scherten sie sich um die Decke auf dem Sofa. Zielstrebig pflanzten sie sich auf meinen Sessel, den ich eigentlich nicht für sie vorgesehen und deswegen auch nicht geschützt hatte! Sei's drum, ich machte gute Miene zum bösen Spiel und schimpfte nicht, was auch daran lag, dass Ellen noch danebenstand. Aber kaum war sie zur Tür raus, holte ich den Staubsauger und fuhr wie ein Besessener damit über den Sessel und den Teppich. Hundehaare, auch wenn sie kaum zu erkennen waren, brauchte ich nicht.

»Dann wollen wir mal Gassi gehen!«, verkündete ich kurz darauf und legte ihnen das Geschirr an.

Bereits beim ersten Spaziergang fiel mir auf, dass die beiden Hundedamen ein Herz und eine Seele waren, wobei sogar mir als Nicht-Hundeversteher nicht entging, dass Pippa die Chefin war. Sie bestimmte, wo es langging. Und Bonny folgte ihr überallhin.

Apropos Gassi: Was für Millionen von Hundebesitzern alltäglich ist, musste ich zunächst lernen. Denn so unkompliziert ist das gar nicht. Und dann noch mit zwei unterschiedlichen Hunden. Einfach losgehen und die Tiere hinter mir herziehen, so wie ich es mir vorgestellt hatte, funktionierte natürlich nicht. Sie waren ja keine Säcke, sondern Wesen mit einem eigenen Kopf und einem eigenen Willen.

Ich lernte, dass die beiden das Tempo vorgaben, wobei ich abwägen musste. Hier die langsame Bonny, die am liebsten jeden Strauch beroch, da die aktive Pippa, die immer auf der Pirsch nach Kaninchen und ferngesteuerten Spielzeugautos war. Sie ging immer vor, gefolgt von der kleineren Bonny, die aufgrund ihrer kurzen Beinchen immer doppelt so viele Schritte machen musste. Das sah äußerst lustig aus und hatte etwas von Pat und Patachon.

Ich musste mir auch erst bewusst machen, dass Hunde ihr Geschäft nicht in der Toilette verrichten, sondern in freier Wildbahn. Und diese Hinterlassenschaft muss natürlich der Hundebesitzer entfernen. Das hatte mir Ellen ebenfalls eingeschärft, aber nein, sagte ich mir, dieser Kelch muss an mir vorübergehen. Ich sammle doch nicht die Hundehaufen ein, auch nicht mit einer Plastiktüte! Wer ist denn hier das Herrchen? Das erschien mir ekliger als das Essen von Maden und Hammelhoden im Dschungelcamp.

Logisch, dass ich zunächst die Haufen der beiden nicht entfernte. Im Park funktionierte das ganz einfach. Wollten die Fellknäuel ihr Geschäft machen, dann sah ich zu, dass wir nicht beobachtet wurden. Abends war das ohnehin kein Problem, weil ich mit den Hundis mutterseelenallein unterwegs war.

Ich änderte meine Einstellung jedoch schlagartig, als ich einige Tage später meinen Fuß in einer ekligen Tretmine wiederfand. Hundehaufen nicht zu entfernen ist asozial, leuchtete es mir plötzlich ein. Also sah ich zu, dass ich immer Plastiktütchen dabeihatte. Die schützten mich aber nicht vor den Blättern und Gräsern, die in meine Richtung flogen, wenn die beiden ihre Geschäfte verrichtet hatten und anschließend mit den Hinterpfoten den Boden aufwühlten, dass es nur so spritzte. Natürlich versuchte ich, ihnen das abzugewöhnen, aber genauso gut hätte ich einen Pudding an die Wand nageln können.

Ich musste auch lernen, dass meine vierbeinigen Begleiter beim Gassigehen sehr gerne stehen blieben, um die Hinterlassenschaften der anderen Hunde einer eingehenden Prüfung zu unterziehen, sei es auf Ästen, an Laternenpfählen oder Papierkörben. Zunächst fand ich das eklig, aber als ich bemerkte, dass alle Hunde das machten, es also einfach natürlich zu sein schien, wurde ich neugierig und wollte den Grund wissen.

Ich informierte mich eingehend über Hundepipi und warum er für andere Hunde ein besonders interessanter Saft war. Die Antwort, einfach ausgedrückt: Wenn wir Menschen über einen anderen Menschen etwas erfahren wollen, googeln wir ihn. Hunde dagegen benutzen ihre Nase und schnüffeln am Pipi ihrer Artgenossen. Aus dem Uringeruch erfahren sie zunächst das Geschlecht des anderen Hundes. Des Weiteren, ob der Kollege auf der Suche nach Sex ist oder schlechte Laune hat.

Ich erfuhr, dass die Nase das wichtigste Sinnesorgan für den Hund ist und dass eine Hälfte der Gehirnrinde seinem Geruchssinn vorbehalten ist. Man kann auch sagen, dass ein Hund mit der Nase sieht. Ein Rüde kann eine heiße Hündin sogar auf drei Kilometer Entfernung riechen!

Eine andere Sache, an die ich mich beim Gassigehen gewöhnen musste, war, dass sich Hunde zur Begrüßung nicht die Pfoten reichen, sondern die Geschlechtsorgane beschnüffeln bzw. den Popo. Nach einer weiteren kurzen Recherche las ich, dass Hunde zahlreiche Drüsen am Po haben, die sehr viele Informationen geben: über das Geschlecht, über die Stimmung und über die Gesundheit. »Lass mal riechen, Kumpel, wie geht's dir?!«

Allmählich lernte ich das Verhalten von Bonny und Pippa besser zu verstehen. Trotzdem unterschieden sie sich im Charakter: Pippa konnte und wollte ihre Herkunft als ehemaliger Straßenhund nicht verhehlen, denn im Gegensatz zur verwöhnten Bonny ließ sie in Sachen Essen nichts anbrennen. Seien es achtlos weggeworfene Reste von Fast Food oder angeknabberte Brötchen, nichts war vor Pippa sicher, natürlich auch nicht der Inhalt der Papierkörbe.

Ich musste auch lernen, dass man beim Gassigehen Geduld mitbringen musste. Der Weg ist das Ziel. Einfach raus und die Hunde ihr Geschäft machen lassen, funktionierte nicht. War auch verständlich, oder? Wir Menschen gehen ja auch spazieren und schauen uns dabei Schaufenster an oder genießen die frische Luft. An all das gewöhnte ich mich allmählich, natürlich auch an die Tatsache, dass ein Hund bei jedem Wetter raus muss, egal ob es schneit, regnet oder hagelt.

Ich kann mich noch lebhaft an meinen ersten Sonntag mit den beiden erinnern. Es regnete heftig, und wer nicht unbedingt rausmusste, blieb im kuscheligen Bett liegen. Aber Pippa drängte, und Bonny auch, obwohl sie sonst lieber in ihrem Körbchen döste. Also mühte ich mich in meine Klamotten und ging in die kalte, nasse Welt da draußen.

Ich wollte es kurz und schmerzlos machen und hoffte, dass die beiden Hunde ihr Geschäft verrichten und husch wieder ins trockene Körbchen eilen würden. Bonny brauchte meine Gedanken nicht zu lesen: Sie erleichterte sich fix und wollte sofort den Rückwärtsgang einlegen. Braver Hund, dachte ich, aber da hatten wir die Rechnung ohne Pippa gemacht. Natürlich hätte sie ihr Geschäft erledigen und mich und die faule Bonny erlösen können, aber warum sollte sie uns den Gefallen tun? Obwohl sie jeden Strauch in- und auswendig kannte und ihn schon mehrmals angepinkelt hatte, wurden zig Runden gedreht!

Beim Gassigehen lernte ich nicht nur viel über Hunde, sondern auch über ihre Halter. Bereits sehr schnell stellte ich fest, dass Hundehalter keine Tabus kennen. Kaum hatte ich mit Bonny und Pippa die erste Parkrunde von anvisierten vier absolviert, als mich eine Frau Anfang dreißig ansprach.

»Was halten Sie von einem Kastrationschip?«, fragte sie mich geradeheraus.

Erst wollte ich erwidern: Entschuldigung, kennen wir uns?, aber dann besann ich mich. Small Talk gehörte wohl dazu, wenn sich Hundehalter begegneten – was übrigens auch nicht unbedingt dazu beitrug, dass man schnell nach Hause kam.

»Sorry, aber davon habe ich noch nie gehört«, antwortete ich irritiert.

»Mein Rüde trägt einen. Er soll die Erfahrung eines

kastrierten Hundes machen«, erklärte sie und streichelte ihren pechschwarzen Begleiter, der offenbar nicht ahnte, dass er momentan nicht paarungsfähig war.

»Ehrlich gesagt, ich habe mich damit noch nicht beschäftigt«, gab ich wahrheitsgemäß zu verstehen.

»Würden Sie sich kastrieren lassen?«, fragte sie mich plötzlich und starrte mich an. »Ich denke mal nicht, oder? Denn Sex ist doch wichtig, und man kann nicht darauf verzichten, oder?«

»Nein, nein!«, antwortete ich und tat so, als ob wir uns über das Wetter unterhielten, wobei ich sicher bin, dass meine Gesichtsfarbe auf Rot schaltete wie eine Verkehrsampel.

Davon unbeeindruckt schilderte die Unbekannte allerlei Details über ihr Sexleben, unter anderem, dass ihr jetziger Partner eine »wirklich ausgeprägte Libido« habe.

Hoffentlich erwartet sie keine Bekenntnisse über mein Sexleben, dachte ich, und schaffte es dann, mich höflich zu verabschieden und meinen Spaziergang mit Bonny und Pippa fortzusetzen. Das ist nur ein Beispiel für die merkwürdige Tatsache, dass sich Hundehalter über alle möglichen Themen austauschen und ganz zwanglos ins Gespräch kommen. Aber nach einer Weile begann ich, die Vorzüge des Small Talks zu schätzen. Kurze, nicht allzu tief gehende Gespräche sind eine prima Medizin gegen Langeweile und Einsamkeit. Da ich sowieso die Vormittage immer alleine vor dem Laptop verbrachte, war ich froh, andere Menschen und deren Hunde zu treffen. Kaum kreuzten sich die Wege, sprach man über die Hunde, über die neue Frisur von Frau Merkel oder die kaputte Ampel an der nächsten Straßenkreuzung. Aber die vierbeinigen Lieblinge waren natürlich das Hauptgesprächsthema.

»Meiner kann 17 Stunden durchhalten, bevor ich mit ihm Gassi gehe! Und wie steht es mit Ihrem?«

»Ich glaube, er mag seine neue Frisur nicht. Sind denn Ihre Hunde mit ihrem Schnitt zufrieden?«

»Ich weiß gar nicht, was ich Asta zum Geburtstag schenken soll. Was mache ich nur?«

Was soll man da antworten? Ich konnte mit diesen Fragen rein gar nichts anfangen, denn Hunde sind bekanntlich keine Menschen und folglich machen sie sich wenig aus Geburtstagen oder Frisuren.

Interessant fand ich übrigens auch viele Namen, die den besten Freunden des Menschen von ihren Frauchen und Herrchen gegeben wurden. Da nannte eine Rentnerin ihren Schnauzer Jasmin. Als ich die Dame fragte, warum sie diesen Namen ausgesucht hatte, hörte ich: »Ich wollte immer eine Tochter, die Jasmin heißt, aber leider bin ich kinderlos geblieben.«

Und da war der junge Mann, der seinen kleinen Terrier Elvis nannte. »Ich stehe auf Rock 'n' Roll!«, sagte er, und der kleine Elvis wackelte dazu mit den Hüften, jedenfalls bildete ich mir das ein.

Am interessantesten fand ich den Fall eines Mannes, der mir anvertraute, dass er seinen Hund »Anna« nannte, weil auch seine Geliebte so hieß: »Dann schöpft meine Frau keinen Verdacht, wenn mir aus Versehen in unpassenden Situationen ein ›Anna‹ rausrutscht!«, meinte er. Ich fand die Logik etwas verquer, oder wollte er mir einen Bären aufbinden?

Bereits nach einer Woche hatte ich viele Menschen kennengelernt, die normalerweise nicht zu meinem Bekanntenkreis gehörten, wie tätowierte Burschen mit Pitbulls oder Hipster mit rasierten Pudeln – die Klischee-Rentner mit Dackel nicht zu vergessen. Andererseits fiel mir auf, dass bestimmte Hunde meiner Kindheit aus dem Straßenbild verschwunden waren, wie Spitz oder Collie oder der gute alte Deutsche Schäferhund.

Auch stellte ich fest, dass sonntags stets die Herrchen mit den Hunden Gassi gingen, während die Frauchen wohl im Bett liegen blieben. Unweigerlich musste ich an einen alten Gewerkschaftsspruch denken: »Am Sonntag gehört Vati mir!«

Dank Bonny und Pippa lernte ich also in kürzester Zeit ein Dutzend Menschen kennen, deren Namen ich zwar nicht kannte, aber zumindest die ihrer Hunde. Und mit denen ich mich prima über dieses und jenes unterhalten konnte. Eine Hundewelt, die mir bis dato verborgen geblieben war.

Genauso wie die restlichen Stationen der abenteuerlichen Reise von Bonny und Pippa.

Eine Nachricht aus Spanien

Drei Tage bevor Ellen zurückkam von ihrer Geschäftsreise, ereignete sich etwas Wunderbares. Es war kurz vor 22 Uhr, und ich lag schon im Bett, weil ich am nächsten Morgen einen frühen Termin wahrnehmen musste. Die Hunde lagen in ihren Körbchen und sorgten für eine Geräuschkulisse, die das Einschlafen unmöglich machte: Pippa kaute laut an einem Knochen, und Bonny leckte sich schmatzend die Pfoten ab. »Leute, es ist Zeit zu schlafen!«, brummte ich müde und überlegte, die beiden umzuquartieren.

Da klingelte das Handy. Wer rief mich um die Zeit an? Ellen? Als ich auf dem Display »Unbekannt« las, wies ich den Anruf ärgerlich ab. Kaum hatte ich die Augen geschlossen, ertönte das schrille SMS-Signal. Die Hunde begannen zu bellen. »Ruhe, verflixt! Ihr weckt ja das ganze Haus auf!«, schimpfte ich und warf einen Blick auf das Display: *Informations about dog!*, las ich mit halb geschlossenen Augen.

Zack! Schlagartig war ich hellwach. Mein Adrenalinpegel schnellte nach oben! Sofort rief ich die Nummer an und schaute dabei kopfschüttelnd auf Pippa, die mich vorwurfsvoll anschaute, nach dem Motto: Wir wollten doch jetzt schlafen gehen!

Am anderen Ende meldete sich ein Señor Sanchez aus Spanien. »Hello! I am calling from Germany. Thank you for the message!«, rief ich in den Hörer, um dann schnell zu merken, dass ein Gespräch aufgrund der Sprachbarrieren kaum möglich war.

»No speak English, Señor!«, krächzte es aus der Leitung.

»Do you speak German? Alemán?«, hakte ich nach.

»No speak alemán!«

»Okay. But I don't speak Spanish!«, sagte ich und war mit meinem Latein am Ende. Davon ließ sich der Mann am anderen Ende der Leitung nicht beeindrucken, da er munter weiter spanisch sprach und ich deutsch. Irgendwann wurde mir klar, dass uns das babylonische Sprachchaos nicht weiterbrachte. Das schien auch der Mann zu denken, denn plötzlich rief er fröhlich: »Señor, Skype! Domingo!«

Domingo? Ach so: Sonntag! »Domingo, Skype? Yes, yes! Si ... Si!«, rief ich erleichtert.

Dann legte er auf. Moment, und um wie viel Uhr denn?, dachte ich noch. In dem Moment erhielt ich wieder eine SMS: »Skype, Domingo, 12!« Mir fiel ein Stein vom Herzen! Trotz des Sprachgewirrs hatten wir doch ein Resultat erzielt.

Zufrieden legte ich mich hin und wünschte beiden Hunden eine Gute Nacht. Bis Sonntag blieben mir zwei Tage. Wer konnte mir am Sonntag beim Übersetzen helfen? Dummerweise kannte ich außer Ellen keinen, der

Spanisch sprach, jedenfalls konnte ich niemanden bis Sonntag auftreiben. Dann eben improvisieren! Ich überlegte mir einige Fragen, die ich dann per Google-Translator übersetzte und ausdruckte. Die wollte ich dann vorlesen. Ich war optimistisch, denn notfalls konnte ich mich ja mit Gestik und Mimik unterhalten, da man sich bekanntlich beim Skypen sieht!

Am Sonntag saß ich um kurz vor zwölf in freudiger Erwartung vor meinem Laptop. »Bald werde ich mehr von eurer Reise erfahren!«, teilte ich Bonny und Pippa mit und schaute auf die Wandkarte. Die nächste Stecknadel war bald fällig! Ich nahm die beiden Hunde und platzierte sie im Sichtfeld der Kamera. Aufgeregt schaute ich auf die Uhr und konnte es kaum abwarten. Doch der Zeiger bewegte sich nicht von der Stelle. Im Unterschied zu mir zeigten die Hunde keine Anzeichen vor Aufregung. Sie dösten friedlich vor sich hin.

Endlich lagen die Zeiger übereinander. High Noon sozusagen. Keine Minute später blubberte der Skype-Ton und erlöste mich. Ich nahm den Anruf an, aber der Bildschirm blieb dunkel. Der Ton funktionierte zum Glück, ein blechernes »Hallo, hallo!«, krächzte aus dem Lautsprecher. Wo war das Bild? Ich versuchte alles Mögliche und überprüfte, ob ich auf Stumm geschaltet hatte, was natürlich Unsinn war, da ich ja etwas hörte.

»Hallo, hallo!«, rief ich zurück und war dabei auszuflippen. Wieso funktionierte der blöde Bildschirm nicht? Ich haute mit der Hand auf die Tastatur, und tatsächlich hatte der Computer Erbarmen mit mir und schenkte mir ein Bild!

Ich sah einige Erwachsene auf einem rosa Sofa sitzen, zwischen ihnen ein kleines etwa achtjähriges Mädchen.

»Guten Tag, Señor! Wie geht es Ihnen?«, sah ich einen älteren Herrn in die Kamera sprechen. Das Erste, was mir auffiel, war sein dicker, grauer Schnurrbart.

»Sie sprechen Deutsch? Das ist ja wunderbar!«, rief ich erleichtert. Der Herr stellte sich vor. Er war ein Freund der Familie Sanchez, die in die Kamera winkte. Da er mehrere Jahre hierzulande gearbeitet hatte, sprach er sehr gut Deutsch und konnte übersetzen.

Die Familie Sanchez bestand aus Vater, Mutter und der kleinen Tochter. Sie hieß Elvira, hatte große schwarze Augen und hielt ein rotes Plastikstück in der Hand. Ich konnte nicht erkennen, was es war. Zunächst bat Elvira darum, die Hunde sehen zu dürfen. Ich schwenkte die Kamera in ihre Richtung. Als sie die beiden erblickte, winkte sie ganz aufgeregt, was Bonny und Pippa allerdings nicht sonderlich beeindruckte. Sie lagen weiterhin desinteressiert auf dem Sofa.

»Du magst die beiden ja sehr gerne, nicht wahr?«, fragte ich sie.

»Ich liebe sie so sehr! Ich würde sie so gerne streicheln!«, rief Elvira ganz aufgeregt.

Dann ergriff der Freund der Familie das Wort: »Familie Sanchez wohnt in einem kleinen Ort etwa 20 Kilometer entfernt von Cádiz. Herr Sanchez arbeitet bei der Post, seine Ehefrau hilft in der Küche einer Schule aus. Weil die beiden so viel arbeiten, ist Elvira oft alleine zu Hause«, erklärte er in einwandfreiem Deutsch und fügte hinzu: »Die Familie wohnt in einem kleinen Haus mit den Großeltern zusammen.«

»Wissen Sie, wie die beiden Hunde in das Dorf gekommen sind?«, wollte ich wissen, und der Herr mit dem Schnurrbart übersetzte.

»Das haben wir bis jetzt nicht herausfinden können, obwohl wir mit vielen Nachbarn gesprochen haben!«, seufzte Herr Sanchez.

»Aber wir erinnern uns noch sehr gut, wie wir den beiden begegnet sind!«, ergänzte seine Gattin. »Elvira hatte Geburtstag. Wir waren mit ihr auf dem Jahrmarkt und kamen zurück nach Hause. Es gab eine Torte und natürlich die Geschenke. Wie wir so im Garten saßen, flog ein roter Ballon mit einer Karte herbei. Als Elvira nach ihm greifen wollte, wehte ein Windstoß ihn wieder davon! Sofort liefen wir alle aus dem Garten und wollten den Ballon fangen. Elvira war die Schnellste und konnte die Kordel hinter einer Hecke schnappen.«

»Und genau da, vor der Hecke, standen zwei kleine Hunde, die sie mit großen Augen anschauten! Ein brauner und ein weißer!«, fiel Herr Sanchez ein, und seine Frau fügte hinzu: »Sie hatten Halsbänder, aber da war keine Adresse dran!«

»Elvira glaubte, wir wollten sie ihr zum Geburtstag schenken! Sie war sehr glücklich, und wir trauten uns zunächst gar nicht, ihr die Wahrheit zu sagen«, gab ihr Vater zu und strich seiner Tochter über den Kopf. »Als wir es dann doch taten und uns weigerten, die Hunde mit nach Hause zu nehmen, war Elvira sehr traurig.«

»An dem Ballon war ein Zettel mit einer Adresse dran!«, unterbrach ihn Elvira, »ein Mädchen aus dem Nachbarort hatte ihn abgeschickt, sie hieß Vicky! Sie suchte eine Freundin. Ich habe den Ballon noch, obwohl die Luft ganz raus ist!« Elvira zeigt stolz das schwabbelige Plastikstück, das wohl in seinem Vorleben ein Ballon gewesen war. »Aber ich wollte auch die Hunde nicht allein lassen!«

»Als wir wieder am Gartentisch saßen, bemerkten wir, dass uns die Hunde gefolgt waren«, sagte die Mutter und verzog das Gesicht. »Wir waren nicht gerade begeistert, weil wir keine Tiere im Haus haben wollten!«

»Aber Elvira hatte ja Geburtstag, und wir brachten es nicht übers Herz, sie zu enttäuschen! Sie wollte die Hunde gar nicht mehr hergeben«, fuhr Herr Sanchez fort. »Wir fragten die Nachbarn, aber keiner kannte die Tiere. Es war uns ein Rätsel, wem sie gehörten!«

»Sie waren aber wirklich sehr niedlich und lustig«, ergriff wieder die Mutter das Wort. »Der kleinere war direkt sehr verschmust und wollte am liebsten nur gestreichelt werden. Außerdem döste er gerne! Der weiße Hund war viel aktiver. Und wir hatten das Gefühl, als ob er uns helfen wollte. Er jagte sogar die Mäuse im Keller. Wir wollten beiden auch Namen geben, aber wir waren uns nicht sicher, ob sich der Besitzer nicht doch noch melden würde.«

»Darf ich noch mal auf die Halsbänder zurückkommen? Wie sahen sie aus? Haben Sie die noch?« fragte ich. Ich wunderte mich, dass beide Hunde Halsbänder getragen hatten, denn als Bonny von Tom gefunden worden war, hatte nur Pippa eines an.

»Sie hatten unterschiedliche Farben, ich glaube eins war blau, aber mehr können wir nicht mehr sagen, weil

Elvira die Halsbänder versteckt hat!«, meinte Frau Sanchez und schaute ihre Tochter leicht vorwurfsvoll an.

»Weil ich doch nicht wollte, dass man mir die beiden wieder wegnahm!«, flüsterte das Mädchen verlegen.

»Ist nicht schlimm, Elvira! Hast du sie denn noch?«

Elvira schüttelte den Kopf.

»Also haben Sie die Hunde behalten?«, kombinierte ich und kraulte Bonny und Pippa, die teilnahmslos das Gespräch verfolgten. Hatten sie ihre spanische Gastfamilie vergessen? Oder begriffen sie einfach nicht, dass sie es waren, weil sie sie durch den Computer nicht riechen konnten?

»Warum auch nicht? Sie hatten ja offenbar keinen Besitzer! Warum sollten wir sie also nicht behalten?«, rechtfertigte sich der Vater.

»Verzeihen Sie, ich werfe Ihnen das gar nicht vor! Ich hätte mich auch um sie gekümmert!«, beeilte ich mich zu versichern.

»Wissen Sie, Elvira war immer viel alleine, weil es im Dorf keine gleichaltrigen Kinder gibt. Und jetzt hatte sie endlich zwei Freunde!«, erklärte Herr Sanchez.

»Sooft es ging, fuhr Elvira mit den Hunden zu Vicky, und die vier spielten und tollten in den Feldern!« Frau Sanchez strich Elvira zärtlich über die Haare.

»Wir haben Familie gespielt. Mutter, Vater und zwei Hunde!«, lachte Elvira fröhlich.

»Und wie kam es, dass die Hunde doch nicht bei Ihnen blieben?«, wollte ich wissen.

»Wie soll ich das erklären? Nach ein paar Tagen wurden die beiden irgendwie unruhig. Sie schauten immer wieder sehnsuchtsvoll durch das Gartengitter auf die Straße und winselten in einem fort. Wir ahnten, dass sie wegwollten«, erinnerte sich Herr Sanchez mit leiser Stimme.

»Obwohl wir sie am liebsten behalten hätten, war uns klar, dass es nicht ging. Wir hätten sie auch ihrem Besitzer wiedergegeben, aber wo war er? Außerdem war da Elvira. Sie liebte die beiden!« Frau Sanchez strich über Elviras Kopf.

»Also sind die Hunde weggelaufen?«, fragte ich neugierig.

Die Mutter rutschte ein wenig auf dem Sofa nach vorne und blickte in die Kamera. »Eines Nachmittags fuhr ich mit Elvira zum Einkaufen in die Stadt. Als wir zurückkamen, stand das Gartentor offen, und die Hunde waren nicht mehr da«, erklärte sie unsicher und schaute kurz zu ihrem Mann rüber. Mir schien, als ob sie ihm kurz zublinzeln würde.

»Das Tor stand offen? Wer hat es denn aufgemacht?«

»Ich weiß es nicht«, wich Herr Sanchez aus, und irgendwie hatte ich das Gefühl, als ob er etwas verschwieg.

»Papa! Vielleicht hast du nicht aufgepasst!«, rief die kleine Elvira streng, aber ihr Vater wies den Verdacht empört von sich und schüttelte vehement den Kopf.

»Wir suchten überall im Ort, aber die beiden waren wie vom Erdboden verschluckt. Keiner hatte sie gesehen!«, versicherte Frau Sanchez. »Natürlich war Elvira sehr traurig. Sie weinte viel und ließ sich kaum trösten, ja, sie wollte nicht einmal in die Schule gehen. Sie ließ sogar ihren Lieblingspudding links liegen, den ihre Oma für sie machte.«

»Zuerst hatte ich Angst, dass Vicky nicht mehr mit mir

spielen will, weil die Hunde nicht da waren! Denn die waren ja wie unsere Kinder, und ohne sie konnten wir nicht weiter Familie spielen«, sagte Elvira ernst.

»Aber das war nicht so. Vicky war zwar auch sehr traurig, aber zum Glück wollte sie trotzdem weiter mit Elvira befreundet sein!«, erklärte Frau Sanchez erleichtert. »Wir waren zusammen traurig, das war dann nicht ganz so schlimm!« Elvira ergriff die Hand ihrer Mutter.

»Aber siehst du, Elvira. Deine beiden Freunde sind nicht weggelaufen! Sie wollten nur nach Hause!«, sagte ich und lächelte Elvira aufmunternd zu.

»Sie sind zu euch gekommen, weil es bei euch so schön ist. Sie hätten ja auch woandershin gehen können, um sich auf ihrem langen Heimweg auszuruhen, aber nein, sie haben sich für dich entschieden!«, versuchte ich ihr zu erklären.

»Wirklich?«

»Ja, natürlich!«, bekräftigte ich und nickte dabei.

Ich hatte das Gefühl, dass Elviras Eltern nicht ganz unschuldig an der »Flucht« der beiden Hunde waren. Nachdem sie bemerkt hatten, dass Bonny und Pippa unruhig wurden, hatten sie die beiden einfach gehen lassen. Natürlich verschwiegen sie dies ihrer Tochter.

Wir sagten uns zum Abschied »Adiós« und winkten in die Kamera, bis der Bildschirm wieder dunkel wurde. Anschließend kramte ich wieder das Döschen mit den Stecknadeln hervor und markierte einen weiteren Punkt auf der Karte. Zufrieden machte ich es mir in meinem Sessel bequem und ließ das Gespräch Revue passieren. Die Geschichte mit Elvira und den Hunden konnte einen rühren.

War es Zufall, dass Elvira die Streuner ausgerechnet an ihrem Geburtstag getroffen hatte?

So wie ich Ellen kannte, hätte sie an eine Fügung geglaubt.

Für mich war es einfach ein Glücksfall. Aber das war auch gar nicht der Punkt. Elvira hatte eine schöne Zeit mit den Hunden verbracht, und die beiden haben dafür gesorgt, dass zwei fremde Mädchen gute Freundinnen geworden sind, allein das zählte. Schön auch, dass Bonny und Pippa mit ihrer Art die Herzen der Eltern erobert hatten. Das musste belohnt werden! Logisch, dass sich die beiden Hunde über die Leckerlis freuten, die ich spendierte.

Unweigerlich dachte ich an Khoa. Für ihn waren sie Brüder, für die kleine Elvira waren sie Freunde. Im Grunde lief das aufs Gleiche hinaus. Ich begann zu begreifen, warum Ellen ihre Bonny so vermisst hatte, als sie weggelaufen war, und ich bedauerte, dass ich ihre Trauer nicht ernst genommen hatte.

 Wir sind die wahren Herzensbrecher!

Genau! Das ist viel cooler, als durch brennende Reifen zu springen!

Eine Mail von der anderen Seite der Welt

Die drei roten Punkte auf der Karte stimmten mich optimistisch. Da meine Umgebung nichts von meinen Erfolgen ahnte, blieb es aber nicht aus, dass die anderen an dem Sinn meiner Recherche zweifelten.

»Na, versuchst du immer noch herauszufinden, was die beiden erlebt haben?« Ellen warf mir einen skeptischen, aber nicht bösen Blick zu.

»Schon, aber leider habe ich noch nichts herausfinden können!«, antwortete ich.

»Sag ich doch, Papa ist kein James Bond!«, kommentierte Konstantin frech.

»Sei froh, Mama! Dann brauchst du kein Bond-Girl als Konkurrentin zu befürchten«, ergänzte Sophie und grinste ebenso frech.

»Meinetwegen kannst du die Suche abblasen, Schatz«, sagte Ellen, »ich merke auch so, dass du die beiden Hunde liebevoller behandelst als früher!« Sie gab mir einen Kuss.

Ja, unsere Beziehung lief immer besser, ohne Zweifel, aber es würde alles noch viel besser, wenn ich mit der Recherche fertig bin, dachte ich und rieb mir innerlich die Hände.

»Was hältst du davon, wenn ich die beiden Hundis ab und an zu mir nach Düsseldorf nehme? Mich stören sie ja nicht bei der Arbeit, aber sie leisten mir Gesellschaft, sitzen immer unter dem Schreibtisch und zwingen mich zu regelmäßigen Spaziergängen!«, schlug ich zu ihrem Erstaunen vor.

»Papa, du wirst ja zum Hundeflüsterer!«, entfuhr es Konstantin

Auch Ellen reagierte überrascht: »Ist das dein Ernst?«

»Ja, sicher! Unsere gemeinsame Woche ist doch reibungslos verlaufen, ohne zerfleddertes Sofa oder Invasionen von Flöhen, Würmern und Läusen!«, scherzte ich in die Runde. »Obendrein kann ich etwas für meine Fitness tun!«

Ellen war überzeugt und besiegelte es mit einem Kuss: »Okay, das ist eine gute Idee! So tust du etwas für deine Cholesterinwerte und lernst auch noch die Hunde besser kennen!«, lachte sie erfreut und knuffte mich in die Seite. So nisteten sich Bonny und Pippa bei mir ein. Es waren gesellige Mitbewohner, die am liebsten in meiner Nähe weilten. Entweder lagen sie neben mir auf der Couch oder unter meinem Schreibtisch, jedenfalls immer in Sicht- und Streichelnähe. Mit der Zeit gewöhnte ich mich an die Hundehaare, und so holte ich den Staubsauger viel seltener hervor, wenn sie sich wieder mal unerlaubt auf dem Sessel lümmelten.

Wenn ich so mit Bonny und Pippa neben mir am Schreibtisch saß, kreisten meine Gedanken immer noch um die mögliche Reiseroute der beiden Hunde. Welchen weiteren Weg hatten sie genommen? Als ich auf die Karte schaute, fiel mir eine Eisenbahnlinie auf, die vom Süden

Richtung Norden führte. Waren die beiden vielleicht mit dem Zug gefahren?, überlegte ich halb im Scherz. Immerhin waren sie ja auch auf einem Schiff gewesen. Ich traute Pippa und Bonny inzwischen einiges zu.

 Wir hätten gerne zwei Fahrkarten für erwachsene Hunde! Schicken Sie die Rechnung bitte an unser Frauchen.

Wir würden gerne ins Hundeabteil!

Bei der Vorstellung musste ich grinsen. Ich wusste, dass die beiden gerne Zug fuhren, davon hatte ich mich bereits überzeugt, als ich meinen Freund Thomas in Wesel besuchte und die beiden mitnahm. Die Stunde Fahrtzeit machte ihnen nichts aus. Sie verhielten sich still und schauten oft aufmerksam aus dem Fenster auf die dahinfliegende Landschaft. Dazu muss ich aber sagen, dass wir auf einen hundefreundlichen Schaffner trafen, der mich darauf hinwies, dass in den Zügen der Deutschen Bahn mitfahrende Hunde Maulkörbe tragen mussten, es sei denn, sie würden in eine Tierbox passen. »Aber bei den beiden Süßen schaue ich einfach darüber hinweg!« sagte er und kraulte Bonny und Pippa hinter den Ohren, »ich habe ja selbst einen Hund!«

Thomas machte große Augen, als er mich am Bahnsteig abholte, weil er von meiner Abneigung gegen Hunde wusste. Er hatte viele Jahre einen Border Collie namens Ben besessen, den ich einfach nicht in mein Herz schließen wollte, obwohl er mir niemals ein Härchen gekrümmt hatte. Ben war ein ruhiger und sanfter Zeitgenosse, der sich wohl zeitlebens fragte, was ich eigentlich gegen ihn hatte und warum ich ihn immer abwies, wenn er mich begrüßen wollte. Das alles hatte nun Thomas im Hinterkopf, als er mich mit den beiden Hunden sah.

Als wir bei ihm zu Hause am Küchentisch saßen, erzählte ich ihm, wie ich auf den Hund gekommen war, und dass ich ernsthaft dabei war, meine negative Meinung über Bord zu werfen.

»Das finde ich gut!«, kommentierte Thomas beeindruckt und klopfte mir auf die Schulter, »du gibst mit den beiden eine gute Figur ab! Außerdem wirkst du irgendwie ausgeglichener, gelassener!«

»Wie meinst du das?«

»Du regst dich sonst immer schnell auf, wenn dir was nicht passt«, erklärte Thomas. »Zum Beispiel eben, als wir über Politik diskutiert haben, da bist du überhaupt nicht laut geworden. Das kenne ich gar nicht von dir!«

»Und das soll mit den Hunden zu tun haben?«, hakte ich ungläubig nach.

»Klar. Du redest mindestens 10 Dezibel leiser in Gegenwart der Tiere! Die beiden zügeln dein südländisches Temperament«, scherzte er.

»Ach was!«, winkte ich ab und wechselte das Thema. Ich konnte mir nicht vorstellen, dass zwei kleine Hunde Einfluss auf meinen Charakter nahmen. Trotzdem dachte ich noch auf der Rückfahrt über Thomas' Worte nach.

Dass Bonny und Pippa nicht das erste Mal mit dem Zug gefahren waren, sollte ich einige Tage später erfahren. Ich bekam eine lange Mail, und zwar aus Neuseeland.

Hallo!

Mein Name ist Cathy. Ich bin 24 Jahre alt und lebe in Neu-seeland. Ich habe Ihre Anzeige gelesen und bin sicher, dass ich den beiden Hunden begegnet bin. Vor einigen Monaten war ich in Europa unterwegs. Ich bin durch zwölf Länder ge-fahren und habe viele Menschen kennengelernt. Auf meiner Reise habe ich viel über die Welt und mich gelernt – und das ist auch der Verdienst dieser beiden Hunde!
Natürlich gibt es auch bei uns Hunde, aber die zwei sind ein-fach einmalig. Ich glaube, ich muss etwas ausholen, um das zu erklären.
Am Ende meiner Reise war ich in Südspanien angelangt. Ich hatte unter einem Pavillon vor dem Bahnhof von Granada übernachtet, weil mein Geld fürs Hostel ausgegangen war. Zwei Jungs aus Schottland, die nett zu sein schienen, hatten dieselbe Idee. Als ich am nächsten Morgen aufwachte, wa-ren die beiden weg. Ich dachte mir nichts dabei, aber dann stellte ich fest, dass mein Brustbeutel fehlte! Sofort geriet ich in Panik. Meine Kreditkarte, mein Bargeld und meine ganzen Papiere waren verschwunden! Sofort sprintete ich los, um die Schotten wiederzufinden, doch ich suchte verge-bens nach ihnen. Was sollte ich nur tun? Ich war total hek-tisch und verzweifelt. Schließlich lief ich zu meinem Ruck-sack zurück, und da sah ich die beiden Hunde. Einen kleinen braunen und einen weißen. Und der weiße Hund hatte tat-sächlich meinen Brustbeutel im Maul! Vorsichtig näherte ich mich ihm, ging vor ihm in die Hocke und merkte sofort, dass er ein lieber Kerl war. Er freute sich über Streicheleinheiten und ließ den Beutel vor meine Füße fallen.

Das Geld und die Kreditkarte waren leider gestohlen, aber die Typen hatten mir wenigstens den Pass und die Fahrkarten gelassen. Wie war der Hund nur an meinen Beutel gekommen? Ich streichelte die beiden und gab ihnen meine Kekse.

Und nun stand ich da! Ich hatte nur noch dreißig Euro und keine Möglichkeit, an weiteres Bargeld zu kommen. Ich hätte zwar meine Eltern bitten können, mir welches zu überweisen, aber das wollte ich auf keinen Fall. Sie hatten mir nämlich erst vor wenigen Tagen Geld geschickt. Wie sollte ich nun die restlichen zwei Tage bis zum Rückflug von Paris aus mit dreißig Euro auskommen?

Mein Sightseeing-Programm fiel jedenfalls ins Wasser. Außerdem wollte ich nach diesem Erlebnis nur noch so schnell wie möglich nach Hause!

Während ich überlegte und nervös auf und ab ging, wichen die beiden Hunde nicht von meiner Seite. Sie folgten mir auch, als ich mich auf den Weg zum Bahnhof machte, um in den Zug nach Madrid zu steigen. Aber ich hatte absolut nichts dagegen, weil sie schön kuschelig waren und mich immer mit ihren großen Augen anschauten. Sie wirkten ähnlich verloren und einsam, wie ich mich fühlte, außerdem hatten sie meinen Brustbeutel gefunden und waren jetzt meine Freunde. So beschloss ich kurzerhand, sie mitzunehmen, und wir fuhren zu dritt durch Spanien.

Einmal stiegen wir in Saragossa aus, um uns die Beine zu vertreten. Und dort verlor ich die beiden Hunde am Bahnhof aus den Augen. Ich machte mir große Sorgen, weil ich mich mittlerweile für sie verantwortlich fühlte.

Ich wartete den ganzen Tag am Gleis, und tatsächlich tauchten sie irgendwann wieder auf, und wir konnten weiterfahren. Unterwegs erzählte ich ihnen mein ganzes Leben, und sie hörten geduldig zu. Ich lebe noch bei meinen Eltern. Sie haben einen ausgedienten Eisenbahnwaggon zu einem Café umgebaut. Bei uns kann man frisch gefangenen Fisch essen, sich den Wind um die Nase wehen lassen und eine herrliche Aussicht genießen. Obwohl es dort sehr schön ist, kommen nur wenige Touristen, weil es viele Sandfliegen gibt, die stechen.

Bevor ich nach Europa gereist bin, fand ich das Leben da total langweilig. Ich wollte fliehen und die große, weite Welt erkunden, obwohl meine Eltern es gerne gesehen hätten, wenn ich das Café übernehme.

Das erzählte ich den beiden Hunden. Ich erzählte auch von Bob, den ich sehr mag und der in der Bucht als Bootsbauer arbeitete.

»Was willst du in Europa?«, sagte er immer. »Früher oder später kommst du doch wieder zurück! Deine Heimat ist ein starker Magnet, und du bist nur ein kleines Eisen!«

»Jetzt fahre ich erst recht, du Hinterwäldler!«, sagte ich ihm und buchte den Flug.

Doch während ich mit den beiden Hunden im Zug saß und ihnen alles erzählte, bereute ich meinen Schritt. Ich hatte Heimweh! Ich wollte das Café übernehmen, und ich wollte zu Bob! Aber würde er mich überhaupt noch sehen wollen? Ich fragte die beiden Hunde, und sie nickten und leckten mein Gesicht ab. Wir hatten aber auch viel Spaß miteinander, denn die kleine braune Hündin konnte einige Kunststücke, die wir den anderen Reisenden vorführten. Sie mochten auch, wenn ich das eine oder andere Lied aus meiner Heimat sang. Wir drei lebten von Wasser und trockenen Keksen und wurden die dicksten Freunde. Auch die anderen Zugreisenden mochten die Hunde, und zum Glück konnten die beiden auch genug Fressen für sich abstauben: Kuchen, Sandwiches und sogar Pizza war dabei.

Leider nahm unsere Reise ein unerfreuliches Ende. Ein Schaffner verlangte Geld für die beiden Hunde. Ich war total überrascht, weil sich bisher keiner an den beiden gestört hatte! Doch es half kein Betteln und kein Bitten. Er ließ sich nicht umstimmen.

Da sagte ich ihm, dass es gar nicht meine Hunde seien. Sie wären mir zugelaufen. Warum sollte ich also für sie bezahlen? Doch auch darauf ließ sich der blöde Kerl nicht ein.

Nach einem heftigen Wortwechsel nahm er die beiden Hunde und setzte sie einfach irgendwo vor Madrid aus! Der kleine braune Hund schaute ihn zwar mit seinen großen Augen mitleidsvoll an, aber er ließ sich nicht umstimmen. Ich protestierte lautstark, erreichte aber nichts!

Als der Zug anfuhr und ich die beiden kleinen Hunde alleine am Bahnsteig sah, fühlte ich mich schuldig und schäbig. Ich war nicht viel anders als die Typen aus Schottland, die mich beklaut hatten, dachte ich. Aber mir blieb nicht viel Zeit, weil ich nach Paris musste. Mein Rückflug nach Hause stand an.

Das ist meine Geschichte. Ich hoffe, dass es den beiden Hunden gut geht und sie mir verziehen haben! Sagen Sie ihnen, dass Bob auf mich gewartet hat. Er hatte ja recht gehabt! Ich bin nur ein kleines Eisen.

Ach, ich liebe die beiden so sehr! Ich höre jetzt auf zu schreiben, weil ich verheulte Augen habe und nichts mehr sehen kann. Ihnen und den Hunden alles Gute!

Cathy

Ich gebe zu, dass auch ich feuchte Augen bekam, als ich diese Zeilen las. Dabei bin ich überhaupt nicht nah am Wasser gebaut und kann mich nicht einmal an eine Beerdigung erinnern, bei der ich geweint habe. Aber diese beiden kleinen Hunde hatten es tatsächlich geschafft, dass ich sentimental wurde.

Während ich über Cathys Geschichte nachdachte, klingelte es an der Tür. Ellen stand plötzlich vor mir, und natürlich blieben ihr meine feuchten Augen nicht verborgen. Mir waren meine Tränen peinlich, und ich versuchte, ihrem Blick auszuweichen, doch sie merkte sofort, was los war.

»Warum weinst du?«, fragte sie mich besorgt.

»Ach, nichts Schlimmes. Ich habe gerade nur so etwas Berührendes über eine junge Frau gelesen«, antwortete ich ausweichend.

»Was war denn da so bewegend?«

»Na ja, sie hat erst ihre Eltern verloren und dann ihre Geschwister«, dichtete ich und winkte ab. »Ich möchte gar nicht darüber sprechen!«

»So kenne ich dich ja gar nicht. Und ehrlich gesagt, hätte ich das auch nicht vermutet«, sagte sie und nahm meine Hand. »Schön, diese Seite von dir zu sehen.«

»Sollen wir nicht was essen?«, wechselte ich das Thema und zog sie Richtung Küche.

Anspannung statt Hochspannung

Die Zeit verging, und es wurmte mich, dass es mit der Recherche nicht weiterging. Mittlerweile waren seit Cathys Mail zwei Wochen ins Land gegangen, ohne dass ich einen weiteren Hinweis erhalten hatte.

Ich ärgerte mich darüber, dass ich einfach nicht wusste, wie ich weiter vorgehen sollte, und ließ meine Laune an meiner Umgebung aus. Bei einem gemeinsamen Abendessen mit den Kindern sprachen wir darüber, in den Urlaub zu fahren.

»Wie wäre es mit Griechenland?«, fragte Ellen in die Runde.

»Im Sommer ist es da aber sehr, sehr warm!«, gab Konstantin zu bedenken.

»Ist doch cool, dann hängen wir eben im Pool rum und genießen Cocktails!«, warf Sophie ein. »Ich wollte immer schon Sex on the Beach probieren!«

Ellen verschluckte sich fast an ihrem Bissen. »Hallo? Noch bist du nicht achtzehn!«, mahnte sie und wandte sich dann an mich, denn ihr war nicht entgangen, dass meine Gedanken woanders herumschwirrten: »Was hältst du von Griechenland?«

»Ich habe jetzt nicht den Kopf frei für Urlaub! Habe andere Probleme …«, murrte ich schlecht gelaunt und nippte an meinem Bierglas.

»Die wirst du aber heute nicht lösen, Schatz«, meinte Ellen und erntete zustimmendes Kopfnicken von den anderen.

»Wahrscheinlich will Papa erst dann wieder verreisen, wenn er herausgefunden hat, was für eine Reiseroute Bonny und Pippa genommen haben! Und darum ist er sauer, dass seine Recherche floppt«, kommentierte Konstantin, um mich aber im altklugen Duktus gleich zu beruhigen: »Wie sagt Konfuzius? Wichtig ist nicht das Ergebnis, sondern der Weg!«

Ich hatte keine Ahnung, ob dieser Spruch aus dem alten China stammte, auf jeden Fall ersparte er mir eine Antwort. Konstantin wusste ja nicht, wie richtig er mit seiner Vermutung lag. Ich riss mich also am Riemen und schloss mich der Diskussion über den Urlaub halbherzig an.

Nach dem Essen nahm mich Ellen beiseite.

»Bedrückt dich etwas?«

Ich verneinte und versuchte so normal wie möglich dreinzublicken.

»Ich möchte, dass wir uns immer die Wahrheit sagen«, meinte sie mit ernster Miene, »auch wenn es dem anderen wehtut!«

»Wie meinst du das?«

»Wenn man zum Beispiel für den anderen nicht mehr das empfindet, was man am Anfang empfunden hat! Und du darum nicht mit uns in Urlaub fahren willst …«

»An meinen Empfindungen für dich hat sich null Komma null geändert«, betonte ich und gab ihr einen Kuss. »Und wie steht es bei dir?«

»Es ist alles gut, Schatz«, besänftigte sie mich, »aber in letzter Zeit habe ich manchmal das Gefühl, dass du dich vor mir zurückziehst! Werden dir die beiden Hunde zu viel?«

»Aber nein! Wir haben uns richtig gut aneinander gewöhnt, merkt man das denn nicht?«

»Doch, doch ...«, nickte sie eifrig, »ich bin ja nicht blind. Man könnte fast meinen, dass du sie gern hast!« Sie blinzelte mich an, und ich musste lachen.

Als ich später am Abend mit Bonny und Pippa spazieren ging, dachte ich über Konfuzius nach. Der Spruch, witzig gemeint, traf im Grunde ins Schwarze. Es war doch gar nicht so wichtig, alle Orte und Strecken herauszufinden, die Bonny und Pippa besucht hatten. Viel wichtiger war es doch, was sie unterwegs Besonderes erlebt hatten und welchen Menschen sie begegnet waren. Und hatte ich nicht schon einige Rückschlüsse daraus für mein eigenes Leben gezogen? Denn was Freundschaft und Familie anging, schienen Bonny und Pippa einfach den richtigen Riecher zu haben.

Moment, fiel ich mir da selbst in meinen eigenen Gedanken, du glaubst doch wohl nicht wirklich, dass die beiden Fellknäuel einem erwachsenen Menschen irgendetwas beibringen können? Jetzt werde bloß nicht sentimental.

Nein, Bonny und Pippa waren zwar freundlich und ka-

men bei den Menschen gut an, aber man darf nicht vergessen, dass es Tiere sind!

Das jedenfalls war meine feste Überzeugung damals.

Spontan nach Madrid

Papa, ich glaube, ich habe eine neue Spur! Kennst du das noch?« Ich saß in der Küche und wollte in Ruhe Zeitung lesen, als mein Sohn hereinstürmte und mir Pippas zerfleddertes Halsband auf den Tisch knallte.

»Natürlich, das gehört Pippa, aber was soll denn daran neu sein?«, fragte ich verständnislos. Gerade wollte ich mich wieder dem Sportteil zuwenden, als er das Halsband wieder in die Hand nahm und unter die Leselampe hielt.

»Ich habe es mir noch mal ganz genau angeschaut«, sagte er verschwörerisch und holte eine Lupe aus der Tasche, »und dabei habe ich hier einige Buchstaben erkannt. Manche kann man relativ gut lesen, andere überhaupt nicht mehr!«

Nun erwachte mein Interesse, und ich griff mir die Lupe. Tatsächlich konnte man ganz schwach die Umrisse einiger Buchstaben erahnen.

»Ich habe das rausgeschrieben!«, erläuterte er und gab mir einen Zettel.

Ich las: »H D S MA D.«

»Ich weiß nicht, für mich ergibt das keinen Sinn, aber

vielleicht hast du mehr Glück«, sagte Konstantin und wollte wieder den Rückwärtsgang einlegen.

»Hey, warte mal!«, rief ich ihm hinterher.

»Was ist?«

»Danke für die Arbeit!«

»No problem, Papa. Aber wenn du magst, kannst du gern ein wenig Honorar spendieren!«, lachte er schelmisch. Ich gab ihm einen Zehner.

Danach beschäftigte ich mich mit dem Zettel und versuchte die Lücken zu füllen, bis mir der Kopf rauchte. Dabei vergaß ich sogar, mit den Hunden Gassi zu gehen. Erst als Pippa mich mit einem lauten Knurren an den fälligen Spaziergang erinnerte, ging ich vor die Tür. Am Abend überlegte ich fieberhaft weiter, und erst kurz vor Mitternacht hatte ich die Lösung gefunden: Hot Dog Madrid!

Ich war mir sicher, dass der Besitzer einer madrilenischen Hot-Dog-Bude Pippa das Halsband angelegt hatte! Bestimmt war Pippa dort als eine Art Maskottchen engagiert worden, fantasierte ich. Und da ich schon so in Fahrt war, konzentrierte ich mich in den folgenden Tagen weiter auf das Halsband. Ich fragte mich auch, warum nur Pippa und nicht auch Bonny eins getragen hatte. In meinem Ermittlungsrausch beschloss ich, mein Beweismittel wissenschaftlich untersuchen zu lassen. Vielleicht würde ich so irgendwelche neuen Erkenntnisse gewinnen.

Da natürlich kein Kriminalfall vorlag, konnte ich es schwerlich zur Polizei bringen, um es nach Fingerabdrücken oder gar DNA-Spuren untersuchen zu lassen. Mir blieb deshalb nichts anderes übrig, als ein privates Labor zu fragen, welche Erkenntnisse man daraus gewinnen könnte. Aber welches Labor kam infrage?

Doch die Suche danach erübrigte sich, weil mir ein ganz dummer Anfängerfehler passierte: Ich fand das Halsband nicht mehr! Ich verfluchte mich und meine Unordnung und stellte die ganze Wohnung auf den Kopf – vergebens. Da Bonny und Pippa keine Qualitäten von Spürhunden aufwiesen, konnten auch sie mir nicht weiterhelfen, und so tröstete ich mich damit, dass außer exotischen Flohsorten wahrscheinlich sowieso nichts gefunden worden wäre.

Schließlich stellte sich heraus, dass das Halsband in einem Karton gelandet war, den ich irrtümlicherweise auf den Sperrmüll gebracht hatte, sodass ich nicht einmal die Schuld von mir schieben konnte. Na klasse! Was nun?

Ich versuchte also weiter mit den vorliegenden Fakten zu arbeiten, und das waren die Worte Hot Dog Madrid. Nach einer langen Google-Sitzung fand ich heraus, dass es in Madrid natürlich mehrere Hot-Dog-Läden gab. Welcher kam nun infrage? Ich begann einfach die Liste abzutelefonieren. Doch meist war nach den ersten Sätzen Schluss mit der Konversation, weil man mich nicht verstand. Ellen, die ein paar Brocken Spanisch beherrschte, konnte ich ja schlecht um Hilfe bitten, da sie ja nichts von meiner Recherche ahnte. Ich befürchtete schon, erneut in eine Sackgasse geraten zu sein, als ich plötzlich jemanden am Apparat hatte, der Deutsch sprach.

»Was wollen Sie?«, fragte er mit ausgesuchter Höflichkeit.

»Ich habe eine Frage. Das klingt vielleicht komisch, aber haben Sie vor einiger Zeit zufällig zwei kleine Hunde aufgenommen? Einen weißen und einen braunen?«, rief ich aufgeregt in den Hörer. Was für eine dämliche Aktion, dachte ich noch, als ich bemerkte, dass der Mann zögerte.

»Zwei Hunde?«

»Ja! Ich möchte herausfinden, wo sie in den letzten Monaten waren! Die beiden haben eine lange Strecke zurückgelegt!«, erklärte ich und hoffte auf eine freundliche Reaktion.

Aber der Mann antwortete nicht. Stattdessen hörte ich, wie er mit jemandem tuschelte. Und nach einigen Sekunden sagte er: »Wie kommen Sie auf uns?«

»Na ja, der weiße Hund hatte ein Halsband, da stand ›Hot Dog Madrid‹. Daraufhin habe ich einfach den Begriff gegoogelt und bin bei Ihnen gelandet!«

Wieder sagte der Mann nichts. Und wieder hörte ich ihn mit jemandem tuscheln.

»Das ist ein Irrtum. Wir haben nichts damit zu tun! Lassen Sie uns in Ruhe!«, blaffte er mich dann an und legte auf. Ich rief noch einmal an, aber diesmal hob keiner ab. Ich fand das seltsam. Irgendetwas stimmte da doch nicht!

In meinem Detektiv-Fieber fasste ich einen verrückten Plan: Ich wollte übers Wochenende nach Madrid fliegen und mir den besagten Hot-Dog-Laden selbst angucken. Um keinen Verdacht zu wecken, teilte ich Ellen mit, dass ich am Wochenende meinem Freund Sebastian in Köln einen Besuch abstatten wollte, um in Ruhe mit ihm an einer App zu arbeiten. Ich klang derart überzeugend, dass Ellen nicht auf die Idee kam, dass ich schwindelte.

Am Samstagvormittag setzte ich mich in die erste Maschine nach Madrid und flog dem nächsten Abenteuer entgegen.

Über den Wolken hatte ich Zeit, um über viele Dinge nachzudenken – zum Beispiel über mich.

Der Entschluss, nach Madrid zu fahren, war schon ungewöhnlich für mich, denn normalerweise war ich kein Typ für spontane und unkonventionelle Entscheidungen. Zugegeben, ich wäre gern einer gewesen, aber im Laufe der Jahre war ich immer mehr zum Zauderer geworden. Lieber alles von allen Seiten durchleuchten, bevor man eine wichtige Entscheidung fällt, lautete meine Devise. Aber so ganz glücklich war ich nicht mit dieser Einstellung, weil ich manchmal das Gefühl hatte, die eine oder andere Chance im Leben zu verpassen. Doch ich konnte nicht aus meiner Haut. Sicher ließ sich das mit meiner Biografie erklären.

Ich hatte meine Eltern früh verloren und war schon in einem Alter auf mich alleine gestellt gewesen, in dem andere eine sichere Familie im Rücken wussten. Ich lernte also von Kindesbeinen an Risiken aus dem Weg zu gehen, so weit das möglich war. Lieber ging ich den sicheren Weg. Studium im Ausland? Klang gut, aber zu viele Unwägbarkeiten.

Das Geld in Aktien anlegen? Nein, wer weiß, wie sich der DAX entwickelt!

Mit befreundeten Kollegen eine Firma gründen? Das Risiko zu scheitern überwog.

Der Spruch »No risk – no fun!« war eben nicht auf mich gemünzt. Trotzdem flog ich nun 1600 Kilometer nach Madrid, um einer mehr als vagen Spur zu folgen! Aber was hatte ich schon zu verlieren? Auf der Habenseite dagegen standen ein Wochenende in Madrid und die Aussicht auf eine weitere Geschichte für Ellens Buch.

Eigentlich war ich den Hunden dankbar, dass sie mich zum Risiko gedrängt hatten. Moment mal: War das die Erklärung für den neckischen und provokanten Blick von Pippa, den sie mir immer zuwirft? Nach dem Motto: »Na, traust du dich endlich mal, deine üblichen Bahnen zu verlassen? Das tut dir gut!«

Ich ertappte mich dabei, dass mir die Hunde unheimlich wurden. Nahmen sie doch zu viel Einfluss auf mein Leben? Ach Quatsch, beruhigte ich mich, alles Einbildung. Pippa zeigt mir ihren Schneidezahn, weil sie es eben tut. Das ist ein Hund und kein Mensch, wiederholte ich mein Mantra. Vielleicht war es einfach an der Zeit, eine neue Seite an mir zu entdecken.

Nach der Landung in Madrid mietete ich einen Wagen und fuhr in das Viertel Lavapies, wo sich der Hot-Dog-Laden befand. Dort wohnten vorwiegend afrikanische und arabische Einwanderer. Der Reiseführer wies darauf hin, dass die Gegend nicht zu den sichersten gehörte, was mich aber nicht sonderlich abschreckte.

In Lavapies ging es wirklich sehr multikulturell zu. Arabische und afrikanische Geschäfte und Imbisse so weit das Auge reichte. Frauen mit und ohne Kopftuch, Männer in Jeans und Kaftan allerorten. Die Autos hupten um die Wette, und die Mopeds knatterten im Chor. Ich fühlte mich sofort wohl und hätte am liebsten angehalten und in einem marokkanischen Restaurant Couscous gegessen, aber ich hatte eine Mission: der Hot-Dog-Laden!

Zum Glück ließ sich das Navi nicht von den zahlreichen kleinen Gassen, kaum breiter als mein Auto, irritieren und führte mich sicher ans Ziel. Dort angekommen, erwartete mich jedoch eine Enttäuschung: Der kleine Imbiss war geschlossen. Nicht mal durch das Schaufenster konnte man schauen, weil die Scheiben mit weißer Farbe überstrichen waren. Wie sollte ich nun Kontakt zu dem Besitzer aufnehmen?

Neben dem Imbiss befand sich eine Änderungsschneiderei. Ein älterer, glatzköpfiger Mann mit runder Brille saß an einer noch älteren Nähmaschine und war in seine Arbeit vertieft. Ich trat ein und wollte ihn ansprechen, als mein Blick auf einen riesigen Hund fiel, der unter der Nähmaschine lag. Er hatte dichtes schwarzes Fell und den größten Schädel, den ich je gesehen hatte. Obwohl mich seine großen Augen verfolgten und er dabei sein riesiges Maul öffnete, wich ich nicht zurück, da ich in diesen Moment an Bonny und Pippa dachte und mir tapfer einredete, dass Hunde ganz liebe Tiere waren. Und ich kam ja schließlich in friedlicher Absicht, das würde er sicher riechen!

Währenddessen sprach mich der Herr auf spanisch an. »Sorry«, stammelte ich, »but I cannot speak Spanish. I have a question. Do you know anything about the owner of the Hot Dog Shop next door?« Wissen Sie etwas über den Besitzer des Hot-Dog-Ladens nebenan? Todesmutig wagte ich mich vor und kraulte verwegen den Riesenhund hinter seinen enormen Ohren, was er mit einem wohligen Brummen honorierte.

Obwohl dem Mann anscheinend gefiel, wie ich mit seinem Hund umging, konnte er mir nicht weiterhelfen. Bedauernd schüttelte er den Kopf und sagte etwas auf Spanisch. Hier würde ich nichts mehr erfahren, und so verließ ich wieder den Laden, nicht ohne Hund und Herr ein »Adiós!« zuzurufen.

Da stand ich nun vor dem geschlossenen Hot-Dog-Imbiss und wusste nicht weiter. Das war ja eine tolle Spur. Als ich mich frustriert wieder in meinen Wagen setzen wollte, bemerkte ich zwei kahl rasierte Männer, die aus einem Lieferwagen stiegen. Offensichtlich besuchten sie regelmäßig die Muckibude, denn ihre eng anliegenden Shirts drohten aus den Nähten zu platzen. Sie waren sonnengebräunt und sprachen, da war ich mir sicher, arabisch. Entschlossen betraten sie den Imbiss, ließen aber die Tür offen stehen. Der Laden schien leer zu sein, ich sah weder Stühle noch Tische. Sie begannen nach und nach einige Kartons zum Lieferwagen zu bringen.

Wer waren die beiden? Die Besitzer? Einbrecher wohl nicht, denn die würden doch wohl kaum am helllichten Tag mit einem Schlüssel in den Laden gehen und alles ausräumen. Nachdem sie die Kartons im Wagen verstaut hatten, fasste ich mir ein Herz und sprach die Muskelprotze an.

»Hallo, darf ich Sie kurz stören?«, rief ich auf Deutsch und hoffte, naiv wie ich war, dass sie mich verstehen würden. Die beiden Männer warfen mir erstaunte Blicke zu.

»Ich hatte vor ein paar Tagen aus Deutschland angerufen«, fuhr ich unbeirrt fort. »Es ging um zwei kleine Hunde, vielleicht erinnern Sie sich noch?« Ich versuchte ein gewinnendes Lächeln. Doch der größere der beiden blickte mich grimmig an, während der andere ihn am Arm packte und zum Lieferwagen schob, in den sie schnell einstiegen. »Was wollen Sie von uns? Lassen Sie uns in Ruhe!«, bellte der Große, der jetzt am Steuer saß. Ich erkannte die Stimme. Es war der Mann, mit dem ich telefoniert hatte.

»Es ist sehr wichtig für mich. Die beiden Hunde sind jetzt wieder in Deutschland. Sie haben eine lange Reise hinter sich, und ich würde gerne wissen, was sie unterwegs erlebt haben.«

Die beiden schauten sich nun unschlüssig an, dann flüsterten sie sich etwas zu. Der Größere startete den Motor, während der andere sich mir zuwandte: »Wir haben jetzt keine Zeit! Kommen Sie um 23 Uhr zu dem Supermarktparkplatz am Ende der Straße! Dann können wir über alles sprechen. Aber kommen Sie allein!«

Bevor ich etwas darauf antworten konnte, fuhr der Lieferwagen los. Ich blieb alleine und ratlos zurück. Viele Fragen schwirrten mir durch den Kopf: Wer waren die beiden Männer? Was hatten sie zu verbergen? Was hatten sie mit den beiden Hunden zu tun? Außerdem kam es mir komisch vor, dass sie bei dem Treffen Wert darauf legten, dass ich alleine kommen sollte. Allzu vertrauenswürdig sahen sie auch nicht aus.

Je mehr ich darüber nachdachte, desto mulmiger wurde mir. Vielleicht hatten die beiden gar nichts mit den Hunden zu tun, und ich war zufällig an irgendeine kriminelle Bande geraten? Aber warum wollten sie mich denn dann treffen? Ich überlegte hin und her. Sollte ich hingehen oder nicht? Jetzt ärgerte es mich, dass Ellen nichts von meinem spontanen Trip wusste. Mit Sicherheit hätte sie mir dringend von dem Treffen abgeraten, und ich hätte ihr zuliebe davon absehen können. Nun aber hatte ich keine Ausrede und durfte dem weiteren Verlauf meines Abenteuers nicht aus dem Weg gehen. Trotzdem wollte ich mich natürlich keiner unnötigen Gefahr aussetzen. Deswegen fuhr ich schon eine Stunde vor dem vereinbarten Zeitpunkt zum besagten Parkplatz, um mir dort einen Überblick zu verschaffen und mich keinesfalls überrumpeln zu lassen. Sieht alles nicht sehr einladend aus, dachte ich, als ich mit dem Wagen auf das spärlich beleuchtete Gelände fuhr. Wollten die beiden mich entführen und Lösegeld erpressen? Oder sogar umbringen? Nur, weswegen? Einen besseren Ort als diesen halbdunklen Parkplatz gab es dafür jedenfalls nicht. Ich kam mir jetzt vor wie in einem Film mit ungewissem Ausgang.

Auf dem Parkplatz angekommen, schaltete ich die Scheinwerfer aus und wartete. Die Zeit wollte nicht vergehen, und ich blickte ungeduldig alle fünf Sekunden auf meine Uhr. Je länger ich wartete, desto mehr steigerte ich mich in meine düsteren Gedanken hinein. Es bestellt doch kein normaler Mensch einen anderen in der Dunkelheit auf einen verlassenen Parkplatz, nur um sich zu unterhalten! Die führten doch irgendwas im Schilde!

Ich bereute, dass ich das Rauchen aufgegeben hatte, denn jetzt hätte ich liebend gern eine Zigarette gegen meine Nervosität geraucht. Es kam sogar noch schlimmer, als sich kurz darauf mein Magen meldete: Mir war schlecht. Inzwischen war ich fest davon überzeugt, eine Riesendummheit zu begehen. Warum war ich nicht einfach auf meinen gewohnten Pfaden geblieben, wie all die Jahre zuvor? Damit war ich doch immer gut gefahren! Auch wenn ich das Rätsel der beiden Hunde lösen wollte, musste ich mich deswegen nicht gleich in Lebensgefahr bringen! Ich machte mir selbst schwere Vorwürfe. Es war schrecklich unverantwortlich, auch gegenüber meinem Sohn, einfach nach Madrid zu fahren, ohne jemandem Bescheid zu geben. Die Angst hatte mich fest im Griff. Bloß weg hier!

Ich startete den Motor, würgte ihn aber ab. Auch der zweite Versuch misslang. Was war das denn? Ich benahm mich wie ein Fahranfänger! Als der Wagen auch beim dritten Versuch nicht ansprang, geriet ich in Panik! Mist, ich komme hier nicht weg, ich sitze in der Falle!

Und just in diesem Moment erfasste mich das Scheinwerferlicht eines Autos, das auf den Parkplatz einbog. Meine Hände zitterten. Es war der Lieferwagen. Meine Nerven waren zum Zerreißen gespannt.

Die beiden stiegen aus und kamen auf meinen Wagen zu. Mit Gummibeinen schälte ich mich aus dem Sitz und ging ihnen entgegen.

»Okay, was wollen Sie von uns?«, herrschte mich der kleinere der beiden an.

»Was wissen Sie über die beiden Hunde?«, gab ich zurück und versuchte so cool wie ein Eismann zu gucken.

»Hören Sie doch mit der Story von den Hunden auf! Sagen Sie uns endlich, was Sie wollen!«

»Aber es geht mir um die Hunde!«, wiederholte ich so gefasst wie möglich. Jetzt wurden sie doch unsicher und schauten sich irritiert an.

»Wirklich?«, fragte der Große.

»Ich sagte es Ihnen doch!«, betonte ich und fragt mich, um was es denn wohl sonst gehen sollte.

»Und Sie sind wirklich wegen zweier kleiner Hunde aus Deutschland hierher gefahren?«, wollte der andere wissen und rieb sich das Kinn.

Zum Beweis holte ich mein Handy und zeigte den beiden die Hunde auf dem Display. Sie schauten auf Bonny und Pippa und schüttelten ungläubig die Köpfe, begannen zu lachen. Mit einem Mal schwante mir, dass ich eine Riesendummheit gemacht hatte. Die beiden Männer kannten die zwei Ausreißer überhaupt nicht!

»Wir haben Ihre Hunde nicht gesehen! Wir haben überhaupt keine Hunde gesehen!«, grinste der andere.

»Meine Worte, Alter! Die Deutschen spinnen!«, lachte der Größere und wischte sich einige Tränen aus den Augen.

»Wieso haben Sie das nicht gleich gesagt? Dann hätte ich mir die Reise sparen können!«, rief ich ärgerlich.

»Wer hat denn behauptet, dass wir die Hunde getroffen haben?«, antwortete der Größere und tippte sich an die Stirn.

Und dabei log er nicht mal, denn tatsächlich hatte keiner der beiden jemals bestätigt, dass sie etwas mit Bonny und Pippa zu tun hatten.

»Und warum wollten Sie mich treffen?«, startete ich einen letzten Anlauf.

»Wir dachten, Sie wären ein Lieferant, der noch Geld für seine Hot Dogs bekommt und der sich eben undeutlich ausdrückt – dass es Ihnen um echte Hunde geht, darauf wäre ich nie gekommen! Wir haben nämlich den Laden dichtgemacht und noch nicht alle Schulden bezahlt«, erklärte der Kleinere schelmisch und gab seinem Freund die Ghettofaust.

Ich stand da wie ein Idiot. 1600 Kilometer für die Katz, oder besser gesagt für die Hunde.

»Diese beiden Kläffer müssen ja was ganz Besonderes sein, wenn Sie für die eine halbe Weltreise machen!«, meinte der Große versöhnlich, und ich war nicht sicher, ob er es ironisch meinte oder nicht.

»Sind sie auch!«, bestätigte ich leise und kam mir diesen Muskelbergen gegenüber plötzlich ganz klein vor.

»Kommen Sie, wir gehen einen trinken!«, tröstete mich der Kleine. »Dabei können Sie uns die ganze Story erzählen!«

»Vielleicht legen wir uns danach auch einen Hund zu!«, lachte sein Kumpel.

Eine halbe Stunde später saßen wir in einer belebten Bar und tranken zusammen Bier. Ich holte damit das Beste aus dieser Pannenreise heraus und versprach mir: Nie wieder no risk – no fun!

Zum Glück ahnten meine Lieben in Deutschland nichts von meiner Pleite. Trotzdem nahm ich mir vor, diese Episode in Ellens Buch zu erwähnen, denn wie heißt es so schön: Ohne Schatten keine Sonne! Doch solange das Buch noch nicht fertig war, würde ich ihr weiter vorschwindeln, das Wochenende in Köln verbracht zu haben.

Das Abenteuer in Madrid war mir in mehrerer Hinsicht eine Lehre. Zum einem nahm ich mir vor, bei der Suche nicht mehr so verbissen zu sein. Auch wenn ich diesmal gut davongekommen bin – solche Geschichten sind mir einfach zu nervenaufreibend. In Zukunft wollte ich also nur noch absolut seriösen Spuren nachgehen und mögliche Gefahrensituationen meiden.

Hier bin ich der kleine Welpe in der Mitte. Da kannte ich Pippa noch gar nicht – kaum zu glauben!

Am schönsten ist es, wenn wir zusammen sind!

Auf Gran Canaria fing alles an

Unser
freundlicher
Matrose!

Zu zweit macht das
Reisen mehr Spaß

Zum Glück haben wir
unsere Spürnasen, mit
denen finden wir immer
nach Hause

Wieder daheim haben wir alles im Griff. Ich passe auf, dass sich Christos nicht vertippt

Und ich achte auf den Staubsauger!

Ob Frauchen wohl auch wieder nach Hause finden würde, wenn ich nicht auf sie aufpasse?

Wenn es blitzt und
donnert, gehe ich
lieber in Deckung

Und wenn ich beim
Naschen erwischt werde,
stelle ich mich einfach dumm

Da wurden mir Würste
versprochen und dann
kommt so was!

Da höre ich doch
lieber die Hot Dogs

Gute Freunde
kuscheln gern

Bad Hair Day? Kein Problem für mich!

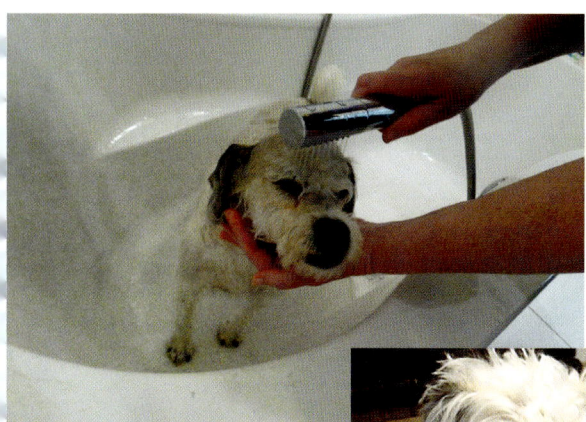

Und erst recht kein Grund für eine Dusche ...

Zum Glück bin ich schnell wieder trocken

Maria Maria

Obwohl mir die Hunde immer vertrauter wurden und ich mir einbildete, sie immer besser zu kennen, gab es die eine oder andere Situation, in der ich hilflos reagierte. So beobachtete ich bei einem Spaziergang im Park, dass Bonny plötzlich unruhig wurde und anfing zu zittern. Ihr Fell richtete sich auf, und sie begann nervös zu hecheln.

»Was hast du, Bonny? Hat dich jemand erschreckt? Aber hier ist doch niemand, der dir Böses will!«, versuchte ich sie zu beruhigen, was aber nur zur Folge hatte, dass sie an der Leine zerrte und umkehren wollte. Pippa ließ sich von ihrer Unruhe anstecken und zerrte mit. »Hey, ihr beiden, was ist los?«, fragte ich irritiert. Die beiden zogen mich nach Hause, als wären sie Huskys und ich der Schlitten. Sie bellten aufgeregt und sprangen die Haustür an, bis ich den Schlüssel aus der Tasche gefummelt hatte und aufschloss.

Sofort flitzten sie die Treppe hoch. Auch in der Wohnung waren sie nicht zu beruhigen. Was hatten die zwei nur? Die Antwort kam unerwartet. Eine plötzliche Böe drückte das Küchenfenster auf und ließ es krachend gegen die Wand knallen. Ein greller Blitz zuckte auf, gefolgt von ohrenbetäubendem Donnergrollen.

Sofort huschte Bonny unter den Tisch und suchte hechelnd Deckung. Pippa ihrerseits kroch lieber unter das Bett. Draußen ging ein heftiges Unwetter nieder. Mir gelang es nicht die beiden Angsthasen zu besänftigen. Sie ignorierten mich, als wäre ich Luft. Erst als das Gewitter vorübergezogen war, waren sie wieder ansprechbar. Gut gelaunt krochen sie hervor und waren wieder ganz die Alten. Keine Spur mehr von der Panikattacke.

Später klärte mich Ellen auf. »Viele Hunde reagieren sehr empfindlich, wenn es blitzt und donnert! Bonny zum Beispiel spürt das Unwetter schon frühzeitig und wird sofort nervös!«

»Hätte ich das gewusst, dann wäre ich gar nicht erst mit ihnen rausgegangen!«, meinte ich selbstkritisch.

»Du konntest doch nicht ahnen, dass ein Gewitter ausbricht«, tröstete mich Ellen.

 Wir sind keine Angsthasen!

Wir sind Wetterfrösche! Unsere Vorhersagen sind viel zuverlässiger als jeder Wetterbericht!

Einige Tage später kam das Thema wieder zur Sprache. Ich stand gerade unter der Dusche, als das Handy klingelte. Eilig hechtete ich aus dem Bad und erwischte gerade noch den Anruf. Ein gewisser David aus Toledo war am Apparat. Trotz der schlechten Verbindung konnte ich ihn verstehen, denn zum Glück sprach er sehr gut englisch: »Hi, it's about the dogs! Ich bin sicher, dass wir sie kennen!« Er erklärte, dass er von einem Freund eine Mail mit meiner Anzeige bekommen hatte. Er klang dabei sehr glaubwürdig und zuverlässig. Aufgeregt lief ich triefend nass in mein Arbeitszimmer, um mir Notizen zu machen, dabei jubelte ich innerlich: nach drei Wochen endlich wieder eine Nachricht!

»Das sind unsere Marias«, erklärte David erfreut, »wir haben sie vor einem Unwetter gerettet!«

Unwillkürlich hatte ich das Bild der beiden panischen Hunde vor Augen, wie sie sich in der Wohnung versteckten.

»Was ist denn passiert?«

»Das ist eine lange Geschichte!«, antwortete David und machte mich neugierig und glücklich zugleich. Allerdings wollte er keinesfalls am Telefon berichten, wann und wie er die Streuner getroffen hatte, stattdessen bestand er tatsächlich darauf, dass ich ihn mit den Hunden besuchen sollte! Nun stand ich erneut vor einem Dilemma. Einerseits wollte ich unbedingt mit ihm sprechen, andererseits wollte ich nicht schon wieder heimlich nach Spanien reisen und Ellen noch mehr Lügen auftischen. Mal abgesehen von den Kosten.

Ich überlegte hin und her. Oder sollte ich mit ihr gemeinsam unter dem Vorwand eines Kurzurlaubs nach Spanien fahren und mich dort für einen Tag nach Toledo absetzen? Zu schwer durchführbar. Ihr lieber jetzt gleich reinen Wein einschenken? Dabei war die Überraschung schon so weit gediehen!

Der Zufall kam mir wieder mal zur Hilfe. Ellen musste wegen einer Testamentseröffnung für einige Tage in den Schwarzwald reisen.

»Willst du nicht mitkommen?«, schlug sie vor, als wir in meiner Küche saßen. »Ich habe die Abende frei, dann können wir das Angenehme mit dem Nützlichen verbinden!«

»Ich kann leider nicht, habe zu viel Arbeit!«, schwindelte ich gekonnt, während ich den Salat anrichtete.

»Kannst du die nicht verschieben? Oder einfach mitnehmen? Es sind ja nur ein paar Tage«, meinte sie geknickt, und sie hatte ja recht: Die Vorstellung, mit ihr und den Hunden auszuspannen, klang wirklich verlockend, aber wann hätte ich dann mit David sprechen sollen? Ich dachte an Ellens leuchtende Augen, wenn ich ihr Bonnys und Pippas fertige Geschichte zeigen würde, und straffte mich.

»Ich würde zu gerne, Schatz, aber es geht wirklich nicht, ich muss mit der Arbeit fertig werden, und das kann ich am besten konzentriert zu Hause! Wir holen das nach, Ehrenwort!«

»Darauf komme ich zurück!«, sagte sie und begann den Tisch zu decken.

Ich fühlte mich nicht wohl in der Rolle des Baron von Münchhausen, aber ich tröstete mich mit der Vorstellung, dass ich sie ja für einen guten Zweck anlog.

»Du willst nach Toledo?«, hörte ich sie da sagen und drehte mich um. Sie stand an der Wohnzimmertür und zeigte auf einen Reiseführer. Mist, den hatte ich unvorsichtigerweise liegen gelassen.

»Ach, der ist doch alt!«, winkte ich ab.

»Und warum ist die Rechnung noch drin?«

Au Mann. Ellen war nicht nur eine gute Anwältin, sondern auch eine schlaue Detektivin!

»Okay, es sollte eigentlich eine Überraschung werden!«, holte ich aus und nahm sie in den Arm, »aber offenbar kann man vor dir nichts geheim halten!«

»Jetzt bin ich aber gespannt!«

»Ich würde gerne mit dir nach Spanien reisen!«, eröffnete ich ihr und musste dieses Mal gar nicht lügen.

»Und warum ausgerechnet Toledo?«

»Weil dort mein Lieblingskünstler El Greco gelebt hat und ich immer mit der Frau meines Lebens dorthin wollte!«

Auch das war nicht gelogen, und Ellen war sichtlich gerührt.

»Einverstanden! Wann geht es los?«

»Spätestens im Sommer, garantiert!« Ich gab ihr einen Kuss, den sie gerne erwiderte.

»Aber es wäre trotzdem schön, wenn du ein, zwei Tage zu mir in den Schwarzwald kommen könntest!«

Die beiden Hunde kommentierten unsere Umarmung mit leisem Winseln.

»Nicht eifersüchtig sein!«, lachte ich.

Einige Tage später war es so weit. Ich hatte alles generalstabsmäßig geplant: Kaum war Ellen in den Schwarzwald gefahren, verließ ich mit den Hunden, auf die ich wieder aufpassen sollte, das Haus. Um Konstantin brauchte ich mich nicht zu sorgen, weil er die Woche ohnehin bei seiner Mama weilte. Zunächst brachte ich die beiden Vierbeiner in ein Hundehotel, das mir von einem Bekannten empfohlen worden war. Es lag im Grünen, war sehr gut ausgestattet und besaß einen großzügigen Garten. Bonny und Pippa wurden sogar in einem Doppelzimmer einquartiert! Meiner Ansicht nach eine perfekte Unterbringung, zumal die junge Mitarbeiterin die beiden herzlich begrüßte und gleich mit ihnen schmuste.

Trotzdem fühlte ich mich nicht so ganz wohl in meiner Haut, als die beiden mich mit großen Augen anschauten, nach dem Motto: »Was sollen wir hier? Du willst uns doch nicht alleine lassen?« Da ich kein Freund von langen Abschieden bin, machte ich es kurz und knapp und ging schnurstracks zum Auto. Als ich mich noch einmal nach ihnen umdrehte, sah ich, dass sie mir vom Tor aus verständnislos und traurig nachschauten. Am liebsten wäre ich wieder umgekehrt, doch es ging nicht anders, das Flugzeug wartete nicht.

Da Toledo über keinen eigenen Flughafen verfügt, ging es zunächst erneut nach Madrid, wo ich für die restlichen 80 Kilometer einen Mietwagen nahm.

Toledo gehörte immer schon zu den Städten, denen ich einen Besuch abstatten wollte, alleine schon wegen der imposanten Altstadt und der vielen Kirchen und Klöster. Leider hatte ich jetzt keine Augen für die zahlreichen Sehenswürdigkeiten. Ich musste zu David und Marta. Um trotzdem etwas von der Atmosphäre der Stadt einzuatmen, kehrte ich in einem hübschen Hotel in der Altstadt ein.

Als ich mein Gepäck aufs Zimmer brachte, wurde ich ganz wehmütig. Ich vermisste Ellen, und plötzlich schien es mir absurd, dass ich die Reise allein angetreten hatte. Wir hätten in dieser romantischen Stadt eine so schöne Zeit verbringen können. Ich nahm mir fest vor, mein Versprechen zu erfüllen und die Reise mit ihr möglichst bald nachzuholen!

Nach einer kurzen Dusche suchte ich sofort Marta und David auf. Sie wohnten unweit der Altstadt in einem vierstöckigen Haus. Eine bunte Lärmkulisse begleitete mich, während ich die Treppen hochstieg. Kinder riefen wild durcheinander, ein Mann sang eine Arie, und eine rollige Katze gab ihren Senf dazu. In diesem Haus tobte das Leben!

Hoffentlich sind die beiden nicht enttäuscht, weil ich die Hunde zu Hause gelassen habe, dachte ich noch, als ich anklopfte.

Und tatsächlich waren Davids erste Worte, als er die Tür öffnete: »Wo sind Maria und Maria? Haben Sie die beiden nicht mitgebracht?«

»Na ja«, sagte ich überrumpelt, »ich wollte ihnen die Strapazen der Reise ersparen, und außerdem gehören sie mir ja nicht!«

»Na, kommen Sie erst mal rein!«, sagte David recht unterkühlt und winkte mich nur widerwillig hinein.

Mir fiel sofort auf, dass die beiden modernes Wohndesign mochten. Jedes Möbelstück war äußerst stylisch und offensichtlich ein Unikat. Dazu passte, dass ich noch nie in meinem Leben eine so aufgeräumte und saubere Wohnung gesehen hatte, was übrigens gar nicht zu den beiden passen wollte, die, was die Kleidung anging, den legeren Look bevorzugten: David trug ein durchgeschwitztes T-Shirt über einer zu weiten Jeans und Marta ein ehemaliges Umstandskleid, so jedenfalls meine Vermutung.

»Damit Sie es wissen: Es sind unsere Hunde. Schauen

Sie nur!«, begrüßte mich Marta und zeigte auf zwei Bilder, die im Wohnzimmer hingen. Darauf war das Pärchen mit den Hunden zu sehen. Mir war sofort klar, dass Bonny und Pippa eine große Rolle im Leben der beiden gespielt haben mussten. Würden das Paar überhaupt mit mir sprechen, jetzt wo ich die beiden in Deutschland gelassen hatte?

»Sie haben am Telefon gesagt, dass Sie unsere Marias zurückbringen!«, schimpfte David mit verschränkten Armen und schüttelte den Kopf.

»Da liegt ein großes Missverständnis vor«, stellte ich richtig und holte aus. Ich erklärte geduldig, was es mit den Hunden auf sich hatte, dass Ellen Bonny auf Gran Canaria verloren und sie wundersamerweise wieder zurückbekommen hatte. »Sie verstehen doch, dass ich sie ihrem Frauchen nicht wegnehmen kann!«, schloss ich meinen Bericht.

»Ach so, sie haben einen Besitzer!«, sagte Marta und rang enttäuscht die Hände. »Warum hast du das nicht gesagt?«, wandte sie sich dann an ihren Freund und warf ihm einen äußerst giftigen Blick zu. Daraufhin musste der kleinlaut zugeben, dass ich ihn am Telefon über die Besitzverhältnisse aufgeklärt hatte. »Typisch! Du hörst einfach nicht zu!«, schrie sie ihn an und bombardierte ihn mit spanischen Schimpfwörtern.

Recht bald stand ich im Kreuzfeuer eines lautstarken Streits. Beide gestikulierten wild, gingen auf und ab und verschwanden in der Küche, wo sie das Wortgefecht fortsetzten.

Obwohl ich nichts für den Streit konnte und auch nicht

verstand, worum es genau ging, machte ich mir Vorwürfe, weil ich ja der Anlass war. Sollte ich klammheimlich verschwinden? Als die Geräuschkulisse in der Küche immer lauter wurde, kam mir die rettende Idee. Entschlossen ging ich zur Tür und räusperte mich laut. Die beiden unterbrachen ihren Disput und schauten mich erstaunt an.

»Dürfte ich ein Glas Wasser haben?«, fragte ich höflich. In diesem Moment besannen sich beide auf die Regeln der Gastfreundschaft und rüsteten sofort ab.

»Natürlich! Möchten Sie mit oder ohne Kohlensäure?«, fragte David auf dem Weg zum Kühlschrank. Dabei schaute er verlegen zu Marta, die ihm zunickte. Der heftige Streit in Gegenwart eines Fremden war den beiden offensichtlich doch peinlich.

»Entschuldigen Sie unseren kleinen Disput, wir vergessen uns manchmal!«, erklärte sie und bot mir einen Stuhl an. »Sie bleiben doch zum Abendessen, oder? Wir haben alles vorbereitet, nicht wahr, Cariño?«

»Natürlich. Ich hoffe, Sie mögen Tapas!« David setzte sein freundlichstes Lächeln auf.

»Ich liebe Tapas!«, betonte ich und freute mich, dass sich die Stimmung gedreht hatte. Würde es jetzt nach dem Frieden von Toledo ein netter Abend werden?

Marta und David bemühten sich nach Kräften: »Wir haben schon am Vormittag einige Kleinigkeiten vorbereitet, wir brauchen nicht mehr viel kochen«, erklärte Marta und ging zum Herd, »nur noch das Fleisch und die Muscheln braten!«

Keine halbe Stunde später wurden die »paar Kleinigkeiten« aufgetischt. Marta brachte einen Teller nach dem anderen ins Wohnzimmer, sodass ich mit dem Zählen gar nicht nachkam, während David den Wein einschenkte, einen frischen Tempranillo aus Andalusien. Die Stimmung war gelöst und von dem heftigen Disput am Nachmittag nichts mehr zu spüren. Während ich mir dann Meeresfrüchte in Knoblauch, scharfe Kichererbsen, gegrillten Käse und weitere raffinierte Köstlichkeiten schmecken ließ, hatten sie mir eine Menge zu erzählen.

Das Fenster zum Hof

Die dreißigjährige Marta, eine dunkelhaarige, temperamentvolle Andalusierin, und David, ein blonder, kühler Katalane, von Beruf Schönheitschirurg, waren schon lange Nachbarn, aber erst seit Kurzem ein Paar. Ihre Wohnungen lagen einander gegenüber und gingen beide auf den Hinterhof hinaus, sodass sie sich gegenseitig in die Schlafzimmer sehen konnten.

Ursprünglich konnten sich die beiden allerdings nicht ausstehen. Auslöser war ein lächerlicher Parkplatz. Davon gab es viel zu wenige in dem historischen Viertel, in dem sie lebten, weil es zu einer Zeit erbaut worden war, als es nur wenige Kutschen und keine Autos gab. Die mussten sich heutzutage durch die engen Gassen zwängen und wegen des Kopfsteinpflasters im Schritttempo fahren.

So kam es, dass Marta und David immer etwa zeitgleich von der Arbeit nach Hause kamen und sich um die letzten freien Parkplätze stritten.

»Sie sind ganz schön unhöflich, einer Dame den Parkplatz wegzuschnappen!«, rief sie ihm erbost zu, wenn er ihr wieder einmal zuvorkam.

»Ich muss morgen früh raus, Verehrteste!«

»Dann nehmen Sie doch den Bus!«

»Fassen Sie sich doch an die eigene Nase, Señora!«

»Nun werden Sie nicht unverschämt, Sie ungalanter Kerl!«

»Typisch Frau: Zicke!«

»Typisch Mann: Idiot!«

Die gegenseitige Abneigung wäre mit Sicherheit noch unschön ausgeartet, wenn nicht eines Tages in der Stadt ein Sturm gewütet hätte. Der entwurzelte eine Pappel im Innenhof, und die fiel wie ein umgeknicktes Streichholz auf die überdachten Mülltonnen, wo zwei Hunde – Pippa und Bonny – vor dem Regen Schutz gesucht hatten.

Als David, der den Müll trotz heftigen Regens rausbringen wollte, das eingeknickte Wellblechdach sah, unter dem die Mülltonnen verschüttet waren, wollte er wieder umkehren, aber dann vernahm er ein leises Winseln. Sofort legte er die Mülltüte auf den Boden und hörte genauer hin. Wo kam das Winseln her? Als er das Wellblech etwas beiseiteschob, entdeckte er einen kleinen braunen Hund, der ihn mit großen Augen anschaute und herzergreifend aufheulte: Bonny. David zögerte nicht lange. Er nahm Bonny behutsam auf den Arm und brachte sie vorsichtig in seine Wohnung, um sie zu verarzten. Zum Glück schien sie nur ein paar Schürfwunden zu haben.

Pippa wurde von David zwar übersehen, aber auch sie musste nicht lange auf Rettung warten. Ausgerechnet Marta war es, die sie kurz darauf entdeckte. Sie war gerade aus dem Auto gestiegen und eilte im Laufschritt auf das Haus zu, laut fluchend, weil sie ihren Schirm im Büro gelassen hatte. Obwohl sie bis auf die Haut durchnässt war, da der Regen unaufhörlich niederprasselte, blieb sie vor der Haustür stehen, als sie Pippas leises Winseln vernahm.

Sie hob vorsichtig das Wellblech hoch und entdeckte zunächst einen kleinen, weißen Hundekopf, der sie traurig anschaute. Der Rest des Körpers war begraben unter Ästen, Schutt und Müll. Ohne eine Sekunde zu zögern, befreite sie den Hund und brachte ihn in ihre Wohnung. Er schien unverletzt zu sein, brauchte aber dringend ein Bad.

Recht bald waren die beiden Hunde wieder auf den Beinen, und das hatte in erster Linie mit dem leckeren Essen zu tun, das ihnen serviert wurde. Während Marta Pippa zarte Hähnchenbrust zubereitete, briet David nur einen Katzensprung entfernt in seiner Wohnung für Bonny ein deftiges Steak. Für die beiden begann ein angenehmes Leben, wie man es sich nicht besser vorstellen konnte. Sie waren genau am richtigen Ort zur richtigen Zeit aufgetaucht.

Marta hatte kürzlich erst mit einem Verehrer aus ihrem Büro schlechte Erfahrungen gemacht und fand die Anwesenheit der Hündin weitaus angenehmer als die eines Mannes. Kein Wunder, denn Marta, die in ihrem Unternehmen stetig weiter die Karriereleiter erklomm, hatte schon häufiger zu spüren bekommen, dass Männer mit ihrem Erfolg nicht gut umgehen konnten. Sie reagierte darauf, indem sie keinem Mann mehr eine Chance gab, der nicht in allen Lebensbereichen mindestens ebenso erfolgreich war wie sie selbst. Insofern verbrachte sie den Großteil ihrer Freizeit allein.

Aber dann erschien Pippa in ihrer Welt! Der aufgeweckte Hund war ganz nach dem Geschmack der temperamentvollen Marta: Er folgte ihr furchtlos überallhin, interessierte sich für alles und hörte immer aufmerksam zu. Wenn Marta sich nach der Arbeit auf ihrer roten Couch ausruhte und sich dabei die Fußnägel lackierte, beschwerte sie sich bei Pippa über alle Männer, die ihr den Tag vermiest hatten: Das fing bei den neidischen Kollegen an, dann wurde der unfähige Chef ins Visier genommen, anschließend der schläfrige Tankwart und last but not least der Obermacho: »Aber der größte Idiot ist der Typ von gegenüber, der mir immer den Parkplatz wegschnappt!«

Und Pippa schien verständnisvoll zu nicken und legte ihr eine Pfote auf den Arm. Wäre die weiße Hündin ein Mann gewesen, Marta hätte ihr glatt einen Heiratsantrag gemacht. Logisch, dass bereits nach wenigen Tagen für Marta feststand: Sie würde diesen Hund niemals wieder hergeben. Insofern hörte sie nach einem halbherzigen Versuch, Pippas Besitzer zu finden, schnell damit auf und nannte die Hündin Maria nach ihrem Lieblingslied von Carlos Santana.

Bezeichnenderweise erging es David auf der anderen Seite des Hofs mit Bonny nicht viel anders. Auch er fand schnell Gefallen an der neuen Mitbewohnerin und verwöhnte sie, wo er nur konnte. David lebte ebenfalls alleine und verbrachte seine Freizeit recht einsam. Seit der unfreiwilligen Trennung von seiner letzten Freundin hatte er sich noch mehr in die Arbeit gestürzt und war langsam, aber sicher zu einem Frauengegner geworden.

Anstatt sich zu fragen, was er in der Beziehung falsch gemacht hatte, leckte er lieber seine Wunden und suhlte sich in Selbstmitleid. Wie konnte sie ihn nur wegen eines anderen verlassen? Hatte er ihr nicht zahlreiche Wünsche erfüllt, wie zum Beispiel ihre Nase korrigiert und ihr zu einer größeren Körbchengröße verholfen? Der Gedanke, dass ihr neuer Lover davon sogar noch profitierte, machte ihn fast wahnsinnig.

Dass er sich mehr um seine Arbeit und seine sportlichen Aktivitäten statt um die Liebe gekümmert und so seine Freundin in die Arme eines anderen getrieben hatte, sah er nicht oder wollte es nicht sehen. Viel besser gefiel er sich in der Rolle des lonely Cowboy, der generell alle Frauen als überflüssiges Übel betrachtete, was ja auch im albernen Streit mit Marta zum Ausdruck kam.

Aber dann tauchte eine neue Frau auf und erwärmte sein Herz: Bonny! Die kleine Hundedame war sehr anhänglich und eine geduldige Zuhörerin, die ihm nicht widersprach, wenn er sich über ihre Geschlechtsgenossinnen beschwerte. »Frauen sind ja so undankbar, so launisch und so hinterhältig. Sie wollen immer wie Prinzessinnen verwöhnt werden, behandeln einen dann aber wie einen Deppen! Habe ich nicht recht, meine Süße?«, fragte er Bonny, und sie schaute ihn mit ihren großen Augen zwinkernd an, während er ihren Nacken kraulte. »Du bist die einzige Frau, die mich versteht!«, sagte er dann allen Ernstes, servierte ihr ein Steak nach dem anderen und taufte sie Maria, weil so auch sein Lieblingslied hieß.

Es war ungefähr eine Woche vergangen, als David seine geliebte Maria herzzerreißend winseln hörte. Besorgt eilte er ins Schlafzimmer und entdeckte den Hund am Fenster. Er hatte seinen Kopf zwischen den Vorhang geschoben und kratzte mit den Vorderpfoten an der Scheibe. Sofort erkannte David den Grund. Ein Hund schaute aus einer Wohnung auf der anderen Hofseite hinüber und bellte, was trotz der geschlossenen Scheiben zu hören war.

»Oh nein! Da wohnt doch die Nachbarzicke! Mit der wollen wir nichts zu tun haben!«, rief David und verfrachtete Bonny ins Wohnzimmer.

Doch damit war die Sache nicht erledigt. Die Hündin winselte weiterhin und wollte sich gar nicht mehr beruhigen. Sie knurrte unzufrieden und tigerte unruhig von Zimmer zu Zimmer. So aufgewühlt hatte er seine Maria noch nie erlebt.

»Hat der andere Köter dich angebellt? Brauchst keine Angst zu haben! Du bist ja bei mir!«, versuchte David seine kleine Freundin zu beruhigen und gab ihr ein großes Stück Hundekuchen. Natürlich lag er mit seiner Vermutung völlig falsch. Bonny war nicht etwa aufgebracht, weil sie provoziert worden war, sondern weil sie zu ihrer Freundin Pippa wollte.

Während Bonny resignierte, ließ sich die clevere Pippa nicht so schnell entmutigen. Die erste Hürde war die geschlossene Wohnungstür. Kein Problem für Pippa! Sie schlich einfach Marta hinterher, als die den Müll wegbrachte. Kaum befand sich Pippa im Hof, eilte sie zum anderen Haus gegenüber. Da die Haustür offen stand, huschte sie einfach in den Flur und lief die Treppen bis zur Wohnung von David hinauf. Dort scharrte sie mit den Krallen an der Tür und bellte laut. Als David neugierig öffnete, huschte Pippa an ihm vorbei in die Wohnung, und dann gab es ein lautes Wiedersehen mit Bonny.

Die Hunde knufften sich und leckten sich gegenseitig die Nasen ab. Der verdutzte David wusste gar nicht, wie ihm geschah. »Hey, wo kommst du denn her? Willst du wohl meine Maria in Ruhe lassen?! Komm her, mein Schatz!«, rief er besorgt und wollte Bonny auf den Arm nehmen.

Aber die tollte viel lieber mit Pippa umher. Sie spielten Fangen in der Wohnung und sprangen auf die Betten, Sofas und Stühle. David wusste gar nicht, wo ihm der Kopf stand bei dem Chaos.

»Das ist doch unglaublich! Sie sind wohl völlig übergeschnappt!«, hörte er plötzlich eine erboste Frauenstimme. Eine völlig aufgelöste Marta stand mit rotem Kopf an der offenen Wohnungstür und machte ihm die Hölle heiß: »Was fällt Ihnen ein? Erst klauen sie dauernd meinen Parkplatz und jetzt auch noch meine Maria!«

»Was wollen Sie denn hier?«, blaffte David, der zusehen musste, wie Marta ungefragt seine Wohnung betrat und Pippa auf den Arm nehmen wollte.

»Meine Maria will ich!«

»Ihr Köter heißt Maria?«, empörte sich David. »*Mein* Hund heißt Maria!«

Marta ließ sich nicht beirren. »Komm her, Maria! Lass uns hier schnell verschwinden! Komm schon!«, rief sie und lief hinter Pippa her.

David seinerseits versuchte Bonny einzufangen. Vergebens! Beide Hunde liefen bellend durch die Wohnung und schienen sich einen Spaß daraus zu machen, noch mehr Chaos zu stiften und ihre Besitzer durch die Wohnung zu scheuchen.

»Nehmen Sie endlich Ihren Köter und verschwinden Sie!«, rief David, nachdem er mit einem Hechtsprung vergebens versucht hatte, seine teure Stehlampe zu retten.

»Das würde ich gerne, aber Ihre Töle hat meine Maria verrückt gemacht!«, giftete Marta zurück, während sie hinter Pippa herhechelte.

»Ich habe die Schnauze voll! Ich zeige Sie wegen Hausfriedensbruchs an!«, brüllte David und stand fassungslos vor den Scherben seiner zerstörten Lampe.

»Und ich Sie wegen Diebstahls!«, konterte sie.

Während sich beide lautstark stritten und sich nichts schenkten, bemerkten sie nicht, dass die beiden Marias sich einfach davonmachten.

»Wo sind sie hin?«, unterbrach David die zeternde Marta, als er plötzlich merkte, dass es in seiner Wohnung verdächtig ruhig geworden war.

Beide sahen sich an und eilten dann zum Flur. Die Wohnungstür stand immer noch offen.

»Warum haben Sie die Tür nicht geschlossen?«, schimpfte Marta, außer sich vor Wut.

»Warum sind Sie überhaupt reingekommen?«, knurrte David zurück.

Die Lautstärke des Disputs erreichte den höchst möglichen Pegel, bis beiden irgendwann die Puste ausging. Schwer keuchend sahen sie sich an. Es war klar, dass kein

Streit die Hunde wieder zurückbrachte. Also rannten sie nach draußen und stürmten die Straße hinab.

»Maria, Maria!«, rief ein verzweifelter David. »Maria, Maria!«, rief eine verzweifelte Marta.

Und just in diesem Moment tauchten Bonny und Pippa hinter einer Hecke auf und begannen fröhlich zu bellen. Marta und David fiel ein Stein vom Herzen, und jeder nahm seinen Hund auf den Arm. In diesem Moment machte sich bei den Streithähnen eine friedvolle Erleichterung breit. An Streit dachte jetzt keiner.

»Ich denke, es ist besser, wenn wir die beiden jetzt nicht trennen. Wollen Sie mit ihr nicht mit zu mir kommen?«, fragte Marta und lächelte ihren Nachbarn zum ersten Mal freundlich an.

Der erwidert ihr Lächeln: »Gerne!«

Eine halbe Stunde später saßen alle vier in Martas Küche, und es war eine regelrechte Familienzusammenführung. »Es ist gut, dass ihr nicht weggelaufen seid!«, lobte Marta ihre Marias und verteilte Hundekuchen, den die beiden mit Genuss verspeisten.

»Wie friedlich sie sind! Sie streiten sich gar nicht um das Fressen«, kommentierte David mit Blick auf das harmonische Miteinander der Hunde.

»Na ja, sie sind wohl cleverer als wir«, stellte Marta fest und warf David einen vorsichtigen Blick zu. Ihr Ton war alles andere als aggressiv. Sie stand auf und holte eine Flasche und zwei Weingläser.

»Vielleicht sind die beiden zurückgekommen, damit wir uns vertragen?«, wagte David mit einem verstohlenen

Blick auf die Gläser zu fragen und streckte einen vorsichtigen Friedensfühler aus.

»Das könnte sein«, nickte Marta und reichte David ein Glas. »Eigentlich ist unser Parkplatzstreit ja auch ziemlich albern, oder?«

Er nickte. Sie prosteten sich zu, und zum ersten Mal schauten sie sich richtig an und lächelten vorsichtig. Marta war nicht nur gerührt, sie spürte sogar ein leichtes Kribbeln im Bauch. Ihr war nie aufgefallen, wie hübsch ihr Nachbar bei näherer Betrachtung war. Das Eis zwischen beiden begann zu schmelzen.

»Wenn Sie mögen, können Sie gerne zum Abendessen bleiben«, bot Marta verlegen an.

Ihre Einladung brach alle Dämme. Natürlich nahm David sie an, und gemeinsam machten sie sich daran, das Abendessen vorzubereiten. Während er das Gemüse schnibbelte, bereitete sie das Fleisch vor. Ein Rädchen passte ins andere, und siehe da, die Streithähne erwiesen sich als prima Team, jedenfalls was das Kochen anging.

»Die Hunde müssen sich schon vorher gekannt haben, oder?« fiel Marta ein, während sie das Hähnchen in den Ofen schob.

»Das denke ich auch. Ich wüsste gern, wo die beiden eigentlich herkommen«, erwiderte David mit Tränen in den Augen, während er die Zwiebeln hackte. »Ich habe auch keinen Suchzettel gesehen.«

»Wenn sie kein Mensch vermisst, behalten wir sie eben«, blinzelte Marta ihm verschwörerisch zu.

Das sah David genauso.

»Ich habe übrigens eine Idee für unser Parkplatzproblem. Jeder fährt den anderen abwechselnd mit dem Auto zur Arbeit und holt ihn anschließend ab.«

Sein Vorschlag stieß bei Marta auf breite Zustimmung. Gleich am nächsten Tag teilten sich beide ein Auto. Von nun an dauerte die Fahrt zur Arbeit zwar länger, trotzdem kam sie beiden kürzer vor, denn sie unterhielten sich unterwegs bestens. Kein Gesprächsthema wurde ausgelassen, man sprach über Arbeit, Fußball, Freunde, Männer und Frauen im Allgemeinen und über das missratene eigene Liebesleben im Besonderen.

Marta wies David freundlich, aber bestimmt auf seine Fehler hin, die er in der Vergangenheit mit seinen Partnerinnen gemacht hatte. Und Marta musste zugeben, dass ihre allzu hohen Ansprüche an Männer ihre Angst vor einer Beziehung kaschieren sollten. Die Gespräche beim Autofahren führten nach wenigen Tagen dazu, dass sich beide immer besser verstanden und sich gegenseitig zum Essen einluden. Während sie dann aßen und scherzten, lagen ihre Marias zufrieden unter dem Tisch und lauschten scheinbar teilnahmslos den angeregten Gesprächen. Nur wenn die Zweibeiner unterschiedlicher Meinung waren und etwas lauter wurden – und das kam durchaus vor –, knurrten die Vierbeiner mahnend.

»Ich finde, Sie könnten Ihren Wagen durchaus mal waschen, Sie legen ja sonst immer Wert auf Sauberkeit!«, kommentierte Marta nach einigen Tagen.

»Das Auto ist ein Gebrauchsgegenstand, da lege ich nicht so einen großen Wert darauf!«, konterte David ziemlich abweisend.

»Mir ist es ja egal, ob Sie auf einem dreckigen Sitz

Platz nehmen, aber mich stört es!«, beharrte sie, und ihre Stimme klang überhaupt nicht mehr höflich. Das zarte Pflänzchen der Versöhnung drohte von beiden zertrampelt zu werden.

»Und das fällt Ihnen erst jetzt auf?«, erwiderte David genervt. In diesem Moment richtete sich Pippa auf und legte ihre Vorderpfoten auf Davids Knie. Dabei schob sie ihren linken Schneidezahn vor, als wollte sie sagen: Vertragt euch!

»Okay, okay, ich werde die Sitze saugen!«, lenkte David mit Blick auf Pippa ein.

»Wir sollten uns ein Vorbild an den Hunden nehmen. Die sind doch auch unterschiedlich und vertragen sich trotzdem blendend!«, analysierte Marta und bekam von David recht. In Toledo kehrte wieder Frieden ein.

Am Ende der Woche verstanden sich die beiden so gut, dass sich David nach dem Abendessen nicht wie sonst verabschiedete und nach Hause ging, sondern Martas Schlafzimmer einmal aus einer anderen Perspektive anschaute.

Als sie sich dann weit nach Mitternacht erschöpft, aber glücklich in den Armen lagen, fiel beiden auf, dass die Hunde aus dem Fenster schauten. Sie maßen dem keine große Bedeutung bei, denn sie schwebten im siebten Himmel und waren nicht ganz zurechnungsfähig. Sonst hätten sie die Sehnsucht in den Augen ihrer Marias bestimmt bemerkt.

Am nächsten Morgen waren die Hunde fort. Und diesmal kehrten sie auch nicht wieder zurück. Trotz umfangreicher, verzweifelter Suche blieben sie verschwunden und sorgten für viele Tränen bei Marta und David. Die beiden waren nicht nur traurig um ihre verlorenen Lieblinge, sie hatten auch Angst, dass sie es ohne die Hunde als Paar nicht schaffen würden.

Toledo, olé!

Das ist unsere Geschichte. Ich glaube, wir haben nichts vergessen, oder?«, wandte sich Marta ihrem David zu, der zustimmend nickte. Er nahm ihre Hand und schenkte ihr ein zärtliches Lächeln.

Zufrieden leerte ich mein Weinglas und ließ meinen Blick über den Tisch wandern. Die Tapas waren verputzt, die Gläser leer. Es war weit nach Mitternacht.

»Und was halten Sie jetzt von unserer Geschichte?«, wollte David wissen und schenkte mir noch einmal nach.

»Da haben sich zwei Menschen gefunden, die scheinbar nicht zueinander passten. Jedenfalls dachten die beiden das«, sagte ich und lächelte.

»Stimmt, eigentlich passen wir gar nicht zusammen. Wir können zwar gemeinsam kochen und haben einen ähnlichen Geschmack, was die Einrichtung betrifft, aber das ist auch schon alles!«, stellte Marta fest und streichelte dabei Davids Hand.

»Aber nein! Natürlich passen Sie zusammen! Sie sind streitbare Typen, die nicht nachgeben wollen. Sie, Marta, sind temperamentvoll, Sie, David, neigen zum Phlegma. Sie passen sozusagen in ihren Gegensätzen zusammen.

Magneten ziehen sich ja auch an!«, versuchte ich zu erklären. »Und einen ähnlichen Musikgeschmack haben Sie auch – zumindest haben Sie beide Ihren Hund nach demselben Lied benannt.«

»Hoffentlich hält unsere Liebe auch ohne die beiden Hunde!«, meinte David halb ernst, halb scherzend.

»Sonst müssen die beiden eben wieder zurück!«, ergänzte Marta.

Beide nickten nun einträchtig. Ich war mir aber sicher, dass sie auch ohne die Hilfe der Hunde zusammenbleiben würden.

Ich stand auf. Es war spät, und ich musste ins Bett. Wir umarmten uns zum Abschied und ich bedankte mich für den tollen Wein, das köstliche Essen und vor allem für die wundervolle Geschichte von Maria und Maria.

Den Weg zum Hotel legte ich zu Fuß zurück, weil ich die warme Luft genießen wollte. Natürlich ging mir die Geschichte der beiden nicht aus dem Kopf. Alles drehte sich, der Wein wirkte intensiv nach. Trotzdem fiel mir ein Zitat von Bernard Shaw ein, das ich neulich gelesen hatte: »Vielleicht stünde es besser um die Welt, wenn die Menschen Maulkörbe und die Hunde Gesetze bekämen!«

 Wir gehen in die Politik!

Pippa for President!

Obwohl es bei Marta und David sehr spät geworden war, wachte ich am nächsten Morgen früh auf.

In der Mailbox warteten zwei Nachrichten von Ellen. Während des Gesprächs mit Marta und David hatte ich das Handy ausgeschaltet. Es ärgerte mich immer mehr, dass ich Ellen nicht die Wahrheit sagen konnte. Noch mehr ärgerte es mich, dass ich sie jetzt erneut anschwindeln musste. »Hallo, Schatz! Guten Morgen!«

»Wo warst du gestern? Ich habe mir schon Sorgen gemacht!«

»Sorry, habe gearbeitet, dabei habe ich wohl das Handy überhört.«

»Und wie geht es Bonny und Pippa?«

»Bestens, die beiden sind richtig süß!«, schwindelte ich, war mir aber sicher, dass es ihnen im Hundehotel an nichts fehlte.

»Du hättest mich ja abends ruhig noch zurückrufen können, oder vermisst du mich gar nicht?« Ellen klang etwas traurig.

»Natürlich vermisse ich dich, mehr als du denkst!«, versicherte ich ihr wahrheitsgemäß. »Mir qualmt nur der Kopf vor lauter Arbeit! Jetzt sag, wie sieht es bei dir aus, kommst du voran?«

»Ja, ja, alles bestens. Ich habe mir gedacht, dass du und die beiden Süßen vielleicht nachkommen könntet, wenn du fertig bist!«

»Das hört sich gut an, aber ich bin mir noch nicht sicher, ob ich mein Arbeitspensum überhaupt schaffe!«

»Das ist schade … Na ja, vielleicht klappt es ja! Tschüss!«, meinte Ellen und legte auf.

Sie klang äußerst enttäuscht, was mir sehr leidtat. Sie wird dir schon verzeihen, wenn sie das Buch in Händen hält, tröstete ich mich.

Zwei Stunden später traf ich Marta und David noch einmal. »Wir wollten damals nicht so schnell aufgeben und haben viele Zettel ausgehängt und ein paar Anzeigen aufgegeben. Und tatsächlich bekamen wir zwei Anrufe!«, erzählte Marta, und David fügte hinzu: »Der erste Anruf kam aus der Nähe von Huesca, einem kleinen Ort in Aragonien. Offenbar war eine Frau den Hunden begegnet, allerdings hatten die beiden sie nach ein paar Tagen wieder verlassen.«

»Aha, das ist ja sehr interessant. Haben Sie noch ihre Telefonnummer?«

»Ja, bestimmt, es sei denn, Marta hat sie in ihrem Chaos verschlampt!«, meinte David eher beiläufig.

»Chaos!? Also jetzt hör mal zu ...«, erwiderte Marta und holte schon tief Luft, um großkalibrig zurückzuschießen, da sah sie, dass ich meine Augenbraue hochzog, und rüstete ab: »Ich habe natürlich die Nummer!«

»Es tut mir leid, Cariño, ich habe es nicht so gemeint!«, beeilte sich David zu entschuldigen und warf mir einen hilflosen Blick zu. Ich hätte beinahe gesagt: Hoffentlich geht das gut mit euch beiden, ihr müsst auch ohne Schiedsrichter klarkommen, aber stattdessen fragte ich: »Und was ist mit dem zweiten Anruf?«

»Ja, das war ganz merkwürdig ... Der Anruf kam aus Italien, und zwar aus Gubbio, einer Stadt in Umbrien. Eine Nonne behauptete, sie hätte die Hunde getroffen und eine sonderbare Episode mit ihnen erlebt«, schilderte David mit leichter Ironie in der Stimme.

»Die Nonne ist aber mittlerweile in Indien, und dort ist sie telefonisch nicht mehr zu erreichen«, ergänzte Marta.

Hatte ich David falsch verstanden? Wie sollten die Hunde denn nach Italien gekommen sein? Vielleicht war die Nonne schon etwas älter und hatte da etwas durcheinandergebracht.

Nachdem ich mich endgültig von Marta und David verabschiedet hatte, rief ich die Frau in Huesca an. Zum Glück sprach Rosa sehr gut Englisch. Meine Freude wurde noch größer, als sie einem Treffen zustimmte. Daraufhin beschloss ich spontan, meine Rückreise um zwei Tage zu verschieben. Wenn alles klappte, würde ich trotzdem rechtzeitig vor Ellen zurück sein.

Bevor ich den Rückflug umbuchte, rief ich das Hundehotel an und fragte, ob Bonny und Pippa noch zwei Tage bleiben konnten.

»Von uns aus schon!«, antwortete die Mitarbeiterin, »die zwei fühlen sich sehr wohl bei uns!«

»Aha! Vermissen sie mich nicht?«, platzte es aus mir heraus.

»Nun, sie laufen oft zum Tor und schauen auf die Straße, und wenn ein Auto kommt, bellen sie auch, aber ich denke, das wird sich legen!«

Da war ich mir nicht sicher, denn ich bildete mir ein, dass sich die beiden schon genauso an mich gewöhnt hatten wie ich mich an sie.

Die Venus im Garten

Auf der Fahrt in das 400 Kilometer entfernt gelegene Huesca dachte ich an Bonny und Pippa, die David und Marta zusammengebracht hatten. Für mich stand fest, dass diese kleinen Hunde einen guten Riecher für Menschen hatten, wobei ich mir bei Bonny nicht immer ganz so sicher bin. Bevor sie Pippa begegnete, verhielt sie sich allzu sorglos und naiv gegenüber Menschen – sie hatte sich ja sogar dem Hundefänger anvertraut!

Das änderte sich aber, als sie die kritischere Pippa kennenlernte, die auf der Straße aufgewachsen war und sich jeden Tag ihr Fressen organisieren musste. Pippas misstrauische Nase reagiert wie ein Seismograf auf drohende Gefahren. Andererseits ist Pippa aber auch sehr sensibel und erschnüffelt sogar menschliche Stimmungen. Sie spürt, ob ein Mensch ein Problem hat oder sich in Schwierigkeiten befindet.

Ob Hunde generell Endorphine – also Glückshormone – riechen können, kann ich nicht beurteilen. Fakt ist, dass diese beiden kleinen Hunde die Streitereien zwischen Marta und David bemerkten und sie trotzdem – oder gerade deshalb – zusammenführten. Sie hatten dadurch nicht nur Schicksal gespielt, sondern bewiesen, dass unterschiedliche Charaktere zusammenleben konnten. Die ruhige und ängstliche Bonny passte ja auf den ersten Blick auch überhaupt nicht zu der temperamentvollen Pippa. Aber trotzdem hatten sie sich arrangiert und gaben ein perfektes Paar ab. Wieso sollte die Beziehung zwischen David und Marta dann nicht auch funktionieren? Wichtig war nur, dass sie sich liebten und gegenseitig respektierten, genauso wie die beiden Hunde, die sich niemals stritten. Und wenn das bei der temperamentvollen Marta und dem rechthaberischen David funktionierte, warum nicht auch bei anderen Menschen?

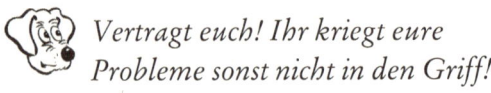 *Vertragt euch! Ihr kriegt eure Probleme sonst nicht in den Griff!*

 Genau. Nur wer zusammenhält, ist stark.

Am späten Nachmittag erreichte ich die Provinz Aragonien, die im Norden an die Pyrenäen grenzte. Das Navi führte mich außerhalb von Huesca auf eine Landstraße bis zu einem Lokal mit Neonbeleuchtung. Die Fenster waren zugehängt, und ich wusste zunächst nicht, ob die Bar geöffnet war oder nicht. Was war das überhaupt für ein Laden?

Da ging die Tür auf, und ein Mann in Anzug kam hastig heraus und huschte schnell an mir vorbei zum Parkplatz. Eine stark geschminkte Frau in Unterwäsche und

Strapsen winkte ihm von der Tür aus zu. Jetzt fiel bei mir der Groschen.

Da musste mich doch mein Navi zum Narren gehalten haben! Schnell eilte ich zum Auto zurück. Ich gebe gerne zu, dass mir der Aufenthalt vor diesem Haus ganz schön peinlich war. Ich hielt mich zwar für freizügig und nicht verklemmt, aber trotzdem wollte ich nicht vor einem Bordell gesehen werden – was natürlich unsinnig war, weil ich hier, mehr als 1000 Kilometer entfernt von Düsseldorf, bestimmt niemanden treffen würde, den ich kannte.

Vom Auto aus rief ich die Frau an, um mich nach der richtigen Adresse zu erkundigen.

»Wo stehen Sie denn?«, fragte Rosa am Telefon.

»Na ja, ich stehe schon vor der Adresse, aber das kann unmöglich sein.«

»Und warum nicht?«

»Na ja, wie soll ich das sagen, das sieht wie ein Eroszentrum aus!«

»Warten Sie, ich hole Sie ab!«, antwortete sie mir prompt. Und schon ging die Tür der Bar wieder auf. Eine Frau im engen, tief ausgeschnittenen Kleid, deren Alter ich aufgrund der Frisur und des starken Make-ups nicht einschätzen konnte, kam heraus und winkte mir zu. Ich versuchte möglichst cool zu wirken, stieg aus, und wir reichten uns die Hände.

»Sorry, ich habe nicht gewusst, dass es doch die richtige Adresse ist!«, sagte ich und versuchte zu lachen, was mir aber nicht richtig gelang, weil mir das alles peinlich war.

»Das ist mein Fehler. Ich hätte sie auch zu meiner Wohnung lotsen können, aber da bin ich nur abends!«, erklärte sie völlig unbefangen. »Tagsüber arbeite ich!« Mein Blick wanderte auf das Haus, dann auf die Neonreklame.

»Oh, nicht dass ich Sie von der Arbeit abhalte!«, warf ich ein, und dann fiel mir ein, dass sich dieser Satz hier etwas seltsam anhörte.

»Momentan ist wenig zu tun!«, lachte sie, und dann standen wir etwas ratlos herum. »Ja, also, ich würde mich gerne über die beiden Hunde unterhalten!«, brachte ich schließlich heraus und zeigte ihr ein paar Fotos von Bonny und Pippa.

»Das sind die beiden Süßen!«, rief sie erfreut und nickte eifrig.

»Sollen wir nicht reingehen? Dann können wir es uns gemütlich machen!«, schlug sie vor, und ich tat so, als ob es das Selbstverständlichste auf der Welt sei, dass ich mit einer Prostituierten einen Puff betrat. Was würde nur Ellen sagen, fragte ich mich, die mich in meinem Arbeitszimmer in Düsseldorf vermutete.

Ausgerechnet in diesem Moment dudelte mein Handy, und auf dem Display las ich »Ellen«. War da Telepathie im Spiel? Auf jeden Fall drückte ich hektisch auf die Besetzttaste, weil jetzt ein Gespräch mit ihr mit Sicherheit zu diversen Missverständnissen geführt hätte.

Rosa bemerkte wohl meine Unruhe und versuchte eine möglichst ungezwungene Atmosphäre zu schaffen. »Kommen Sie doch nach draußen auf unsere Terrasse!«, bat sie und führte mich durch den Eingangsbereich zu einer

Glastür. Im Vorbeigehen ließ ich meinen Blick schweifen. Überall standen Pflanzen in großen Töpfen. Yuccas, Palmen und Ficus Benjamini. Eine junge Frau im knappen Bikini stand hinter einer kleinen Theke und produzierte mehrere Selfies mit Entenschnute.

Die »Terrasse« entpuppte sich als ein akkurat geschnittener Rasen mit einem kleinen Pool, Sonnenschirmen und Liegen. Auf einer lag ein hagerer, nackter Mann auf dem Bauch, döste vor sich hin und nippte gelegentlich an einer Dose Red Bull. Auf seinem Rücken prangte ein Drachentattoo. Es musste erst vor Kurzem gestochen worden sein, da die Haut hellrot leuchtete. Neben ihm hockte eine halb nackte Dame und massierte ziemlich leidenschaftslos seine Zehen.

Um nicht neugierig zu wirken, starrte ich angestrengt ins Schwimmbecken. Und hier sollte ich mich mit Rosa über die Hunde unterhalten? Hinter der Mauer des Anwesens erhoben sich majestätisch die Pyrenäen.

»Ein schöner Anblick, nicht wahr?«

»In der Tat!«, seufzte ich und versuchte nun wiederum nur auf den Gebirgszug zu schauen, weil mir die restliche Aussicht Unbehagen bereitete. »Es gab eine Zeit, da konnte ich nicht auf die Berge sehen!«, hörte ich Rosa erzählen.

Ich blickte sie fragend an.

»Weil meine Mutter da oben lebte«, erklärte sie mit leiser Stimme und wischte sich eine Träne weg, die eine kleine Schneise durch ihr Make-up fraß.

Auch das noch. Jetzt wusste ich überhaupt nicht mehr, was ich sagen sollte.

»Die Geschichte, die ich Ihnen erzählen werde, hat sich dort oben abgespielt!«

Mein Blick fiel abwechselnd von den Bergen zu Rosa.

»Die beiden Hunde waren da oben?«, fragte ich ungläubig. Rosa nickte und machte mich neugieriger, als ich es ohnehin schon war. Doch bevor sie antworten konnte, tauchte die junge Frau von der Theke auf. Sie sagte Rosa etwas auf Spanisch, das ich nicht verstand. »Ich muss leider arbeiten, Kundschaft! Wenn Sie wollen, können wir uns heute Abend noch einmal treffen!«, schlug sie vor.

Ich willigte erleichtert ein, und wir verabredeten uns zum Abendessen in einem kleinen Restaurant am Stadtrand.

Nach der Begegnung mit Rosa fuhr ich zurück in den Ort, quartierte mich in einer Pension ein und rief erst einmal Ellen an. Ich freute mich, ihre Stimme zu hören, aber sie klang recht einsilbig.

»Ellen-Schatz, es tut mir wirklich leid, dass ich deinen Anruf vorhin nicht annehmen konnte, aber ich war mit Sebastian im Studio!«, erklärte ich.

»Und wo waren die Hunde?«

»Äh, die waren dabei!«, antwortete ich, weil mir in der Eile nichts Besseres einfiel.

»Du magst es doch sonst nicht, Bonny und Pippa mit zu Arbeitstreffen zu nehmen! Hast du sie auch bestimmt nicht die ganze Zeit in deiner Wohnung gelassen?«, fragte sie misstrauisch.

»Nein, nein, sie waren mit in Köln!«, schwindelte ich, doch Ellen ging gar nicht auf mich ein.

»Es ist nicht gut, wenn die Hunde den ganzen Tag allein sind. Ich dachte, du hättest das mittlerweile verstanden!« Dann legte sie einfach auf.

Der Vorwurf ärgerte mich, denn natürlich hätte ich Bonny und Pippa niemals so lange alleine in der Wohnung gelassen. Doch was hätte ich ihr sagen sollen? Dass sie in einem Hundehotel untergebracht waren, weil ich eine Prostituierte in Spanien treffen wollte?

Während ich am Abend im Restaurant wartete, beobachtete ich die anderen Gäste und fragte mich, was sie denken würden, wenn Rosa gleich in ihrem freizügigen Dress hier auftauchen würde. Man wird mich wohl für einen Freier halten, dachte ich resigniert, und hatte mich inzwischen damit abgefunden – solange Ellen nicht ins Lokal kam zumindest. Ich war so in Gedanken versunken, dass ich die Frau erst bemerkte, als sie vor meinem Tisch stand und mich ansprach. Sie hatte dunkle Haare und ihr Gesicht – frei von Make-up – war übersät mit Sommersprossen. In ihren schlichten Jeans und der lockeren Bluse sah sie natürlich und äußerst sympathisch aus. Ich musste zwei Mal hingucken, um Rosa wiederzuerkennen.

»Es ist doch normal, dass man nach Feierabend seine Dienstkleidung ablegt, oder nicht?«

»Sorry, ich war in Gedanken!«, entschuldigte ich mich und bat sie Platz zu nehmen. Ich gestehe, dass ich erleichtert darüber war, dass Rosa in Zivil erschien.

»Sie wollen also wissen, was ich mit den Hunden erlebt habe? Ich kann nur sagen, dass ich den beiden unendlich dankbar bin …« Sie machte eine Pause, knabberte an ihren Fingernägeln und überlegte. »Wo fange ich nur an? Am besten bei meiner Mutter Isabel … Aber es ist eine lange Geschichte!«

»Ich habe Zeit!«

Das verlassene Gehöft

Unterhalb des Gipfels, jenseits der Baumgrenze, lag das verlassene Gehöft. Auf das weitläufige Gelände, auf dem sich eine kleine Steinhütte ohne Wasser- und Stromanschluss befand, verirrte sich normalerweise kein Mensch. Wer hier lebte, musste sich auf ein abgeschiedenes Leben einrichten und auf viele Annehmlichkeiten der Zivilisation verzichten. Obendrein herrschte auf dem Berg absolute Funkstille. Man konnte also sein Mobiltelefon getrost im Tal lassen.

Die Zeit stand still dort oben, und man lebte wie der Großvater von Heidi. Es gab nicht viele, die sich dieser Einsamkeit und Askese aussetzten. Isabel war so jemand. Sie war bereits 67, als sie das verlassene Gehöft für sich entdeckte und es zu ihrer Heimat machte.

Nur selten tauchte auf der Alm ein Wanderer auf, und wenn mal jemand kam, dann wurde er von Isabel vertrieben. Sie mochte keine Eindringlinge in ihr Refugium, allein einige Kühe duldete sie in ihrer Gesellschaft. Das mussten auch zwei Hunde spüren, die eines Tages ungefragt dort auftauchten.

Die Rede ist natürlich von Bonny und Pippa. Waren sie

in Begleitung eines Wanderers? Oder was haben sie überhaupt so weit weg von allen Menschen in der wilden Einöde gemacht? Hatten sie sich dermaßen verlaufen?

Wie dem auch sei, Isabel betrachtete die beiden als Störenfriede, denn sie hatte schon häufiger die Erfahrung gemacht, dass sich Hunde und Rinder nicht vertragen, und ihre kleine Herde war ihr heilig. Sie warf Steine nach den Hunden und verletzte Bonny leicht an der Pfote. Die Streuner zogen sich zurück und versteckten sich hinter einem Felsen.

Als jedoch ein Kälbchen eine Böschung herunterfiel und nicht wieder alleine auf die Beine kam, reagierten die beiden Hunde sofort. Um Isabel auf das hilflose Kälbchen aufmerksam zu machen, wagten sie sich aus ihrem Versteck, rannten auf das Gehöft zu und bellten so lange, bis die Frau ihnen folgte.

Isabel eilte fluchend hinter den mutigen Hunden her, um sie endgültig zu vertreiben, und entdeckte so das hilflose Jungtier. Sie half dem armen Kalb wieder auf die Beine und schaute die Hunde misstrauisch an.

»Na gut«, sagte sie nach einer Weile zu den beiden, die sie erwartungsvoll aus ihren braunen Augen anschauten, »ich schätze, ihr habt eine Belohnung verdient.«

Bonny und Pippa bekamen frische Milch und durften mit ins Haus kommen, wo sie sich gleich am Ofen wärmten. Isabel pflegte Bonnys Pfote und fütterte beide mit gekochtem Fleisch.

Als sie die beiden eng aneinandergekuschelt vor dem Ofen liegen sah, brachte sie es nicht übers Herz, sie wieder wegzuschicken. Also blieben Bonny und Pippa bei der

Einsiedlerin, und im Verlauf der nächsten Tage taute die wortkarge und ruppige Frau auf. Sie begann, die Hunde als Gefährten zu betrachten und ihre Anwesenheit sogar zu genießen. Abends machten es sich die drei vor dem Kamin bequem, und Bonny und Pippa, die ja schon bewiesen hatten, wie gut sie zuhören konnten, schenkten ihrer Gastgeberin ihr Ohr. Und Isabel hatte viel zu erzählen. Sie stammte aus einfachsten Verhältnissen. Obwohl das Leben in der spanischen Provinz der Fünfzigerjahre voller Entbehrungen war, hatte sie aber eine sorglose Kindheit in den Bergen verbracht. Wie die meisten Kinder trug sie ihre Socken und Kleidchen so lange, bis sie auseinanderfielen. Sattessen konnte man sich nur sonntags, wenn es Fleisch gab. Aber was zählte ein knurrender Magen, wenn man in den Bergen herumklettern konnte und in kristallklaren Seen schwamm? Erst als die Pubertät die Kindheit ablöste, verloren die Berge und die Natur ihren Reiz. Die sittentreue Koalition aus Eltern, Pfarrer und Lehrer achtete genau darauf, was sich für ein Mädchen gehörte und was nicht. Mädchen, die ihre Periode hatten, durften das Haus nicht verlassen. Mädchen durften sich mit Jungen nicht mehr alleine blicken lassen. Mädchen durften ab 18 Uhr nicht mehr alleine vor die Tür. Und wo hätten sie auch hingehen sollen? Das Spanien der Fünfzigerjahre war sehr konservativ und die katholische Kirche eine strenge Sittenpolizei.

Aber es gab Rettung für die Teenager. Das Radio lockte mit aufregenden Rock-'n'-Roll-Klängen und das Kino mit französischen Nouvelle-Vague-Filmen. Die junge Isabel erlag dem Lockruf der weiten Welt. Und als ihre Eltern sie mit dem Sohn eines reichen Bauern vermählen wollten, zog sie die Notbremse und wagte den großen Sprung über die Pyrenäen. Sie landete im Paris der frühen Sechzigerjahre.

In der Großstadt war alles anders! Sie wurde nicht kontrolliert wie im Dorf, und sie musste nicht jede Woche zur Beichte. Sie durfte Hosen tragen und ihre Haare ganz kurz schneiden, wie Jean Seberg in dem Film »Außer Atem« von Jean-Luc Godard. In der Stadt machte sie die Nacht zum Tage. Und sie konnte einen Beruf erlernen, der eigentlich nur für Männer bestimmt war: technischer Zeichner! Ihre Mutter in Spanien tobte und drohte sie heimzuholen, aber Isabel ließ sich nicht davon beeindrucken.

Es kam zum Bruch mit der Familie, was Isabel aber verkraftete, auch weil sie sich in einen jungen Kollegen verliebte. Er mochte sie zwar auch, aber er wollte sich nicht binden, denn Zweierbeziehungen galten als spießig. Naiv wie sie war, ließ sie sich darauf ein, obwohl sie sehr darunter litt, dass er auch mit anderen Frauen flirtete. Isabel war zwar gekränkt, konnte aber nicht von ihm lassen.

Dann wurde sie von einem anderen Mann schwanger, der sie jedoch bald wieder verließ. Isabel war noch nicht bereit, Mutter zu sein, doch was sollte sie machen? Zurück ins Dorf zu gehen, kam nicht infrage, das Tischtuch zu den Eltern war zerschnitten. Sie blieb in Paris und wollte es alleine versuchen.

Als sie das Kind bekam, nannte sie es Rosa. Da stand sie nun in der großen Stadt, alleine mit einer Tochter und verliebt in einen Mann, der sie hinhielt. Sie war wütend auf ihre Tochter, wegen der sie nun auf vieles verzichten musste. Das Leben als Alleinerziehende war hart, und allzu oft verzweifelte die junge Mutter. Rosa wuchs heran, und mit den Jahren entglitt sie ihrer Mutter immer mehr. Als sie in der Pubertät war, kam es zum Bruch.

Vergeblich versuchte Isabel, ihre Tochter von falschen Freunden fernzuhalten, die sie mit Drogen in Kontakt brachten, doch sie konnte nicht verhindern, dass Rosa die Schule verließ und sich mit Kleinkriminellen herumtrieb.

»Es war ein großer Fehler, dass ich dich nicht abgetrieben habe«, sagte Isabel ihrer Tochter ins Gesicht, als sie zum wiederholten Mal von der Polizei nach Hause gebracht worden war. Das brachte das Fass zum Überlaufen. Rosa haute endgültig ab und ließ ihre verzweifelte Mutter zurück.

Als Rosa fort war, hatte Isabel das Gefühl, ihr Leben sei ein einziger Scherbenhaufen. Sie hatte genug von Paris, genug von der großen Welt, sie wollte einfach wieder nach Hause, wo sie einmal glücklich gewesen war, und ihren Frieden finden. Also beschloss sie, ihren Lebensabend in ihrem Geburtsort zu verbringen.

Ihre Eltern waren längst gestorben, und in dem einst so abgelegenen Dorf hatte die moderne Zeit Einzug gehalten. Es gab mittlerweile ein Einkaufszentrum, breite Straßen und viele Autos, was Isabel natürlich nicht gefiel, weil das alles so ganz anders war als die heile Welt, an die sie sich aus ihrer Kindheit erinnerte.

Ihre Tochter traf Isabel erst einige Jahre später wieder. Genau wie sie selbst hatte Rosa die Flucht aus der Großstadt angetreten. Durch ihre Drogenkarriere war sie in die Prostitution abgerutscht, und wenn sie schon keinen Weg aus diesem Milieu herausfand, dann wollte sie sich zumindest auf dem Land, wo es weniger Konkurrenz gab, selbstständig machen. Und wo konnte man das besser als in der ruhigen Gegend, die sie aus den Erzählungen ihrer Mutter kannte! Tatsächlich lief ihre Bar recht gut, und Rosa hoffte, sich mit dem ersparten Geld bald einen Bauernhof kaufen zu können.

Als Mutter und Tochter dann unerwartet aufeinandertrafen, verlief das Wiedersehen allerdings sehr traurig.

Rosa, die ihren Groll noch immer nicht überwunden hatte, schrie ihre Mutter an, sie solle verschwinden. Und Isabel ihrerseits machte klar, dass sie keine Prostituierte als Tochter wollte. Beide schenkten sich nichts, alte Wunden wurden aufgerissen. Isabel beschloss daraufhin, sich in die Berge zurückzuziehen.

Nachdem Isabel den Hunden ihre Geschichte erzählt hatte, blieb sie den ganzen nächsten Tag in der Hütte. Die Reise in ihre Vergangenheit hatte sie aufgewühlt. Sie fühlte sich wie ein schwerer Stein, der ins Wasser gefallen war. Als Bonny und Pippa merkten, dass Isabel das Bett nicht verließ, wichen sie nicht von ihrer Seite.

»Ihr seid bestimmt Engel«, sagte Isabel und dankte Gott, obwohl sie den Glauben an ihn schon lange verloren hatte. Natürlich blieben die beiden die Nacht bei ihr. Am nächsten Morgen wachte Isabel sehr früh auf und bedankte sich bei ihnen für ihre Hilfe und Geduld. Aber obwohl die Hunde sie freundlich anbrummten, kamen ihr die Tränen: Ihre Tochter hatte heute Geburtstag, und sie konnte ihr wie schon seit vielen Jahren nicht gratulieren.

Ihre beiden neuen Freunde wurden unruhig und winselten sie herzergreifend an. Isabel glaubte zu verstehen, was sie ihr sagen wollten: »Geh zu Rosa, geh und gratuliere ihr zum Geburtstag!«

Und Isabel beschloss, genau das zu tun! Obwohl ihr letztes Wiedersehen so schmerzlich gewesen war.

Sie sah sich in der Hütte um und wusste sofort, was sie Rosa als Geschenk mitbringen würde: das einzige Foto, das Mutter und Tochter gemeinsam zeigte. Damals hatte Isabel noch die Hoffnung gehabt, ihr Leben und das ihrer Tochter in den Griff zu bekommen. Es war am Tag von Rosas Einschulung entstanden. Beide lachten in die Kamera. Das Papier war schon ganz vergilbt, aber die Hoffnung, dass sie sich doch noch mit ihrer Tochter versöhnen würde, lebte auf, als sie sich mit Bonny und Pippa auf den Weg ins Tal machte. Ohne die beiden hätte Isabel nie den Mut dazu aufgebracht.

Neben dem üblichen Feldweg führte auch noch ein steiler Pfad von dem Gehöft in den Ort hinab. Dieser Weg war viel kürzer, allerdings auch wesentlich gefährlicher, da er an steilen Abhängen und scharfkantigen Barrieren aus Geröll vorbeiführte. Isabel hoffte, den mühsamen Parcours in zwei Stunden zu bewältigen. Doch es kam alles ganz anders.

Isabel rutschte beim Abstieg aus und fiel so unglücklich hin, dass sie sich verletzte. Sie litt unsägliche Schmerzen und konnte sich kaum bewegen.

Zum Glück waren die beiden Hunde da. Zunächst versuchten sie, Isabel zu beruhigen, indem sie ihre Hand leckten und leise winselten. Mit ganzer Kraft und unter unsagbaren Schmerzen humpelte Isabel weiter bis zu Rosas Bar.

»Mutter!«, rief Rosa erschrocken, als sie Isabel erschöpft, verschmutzt und blass vor Schmerzen vor der Tür entdeckte. Sofort brachte sie Isabel in die Bar, kümmerte sich dort um sie und wollte einen Arzt rufen. Isabel beruhigte aber ihre Tochter, denn alles, was sie sich nun wünschte, war, sich endlich mit ihrer Tochter auszusprechen. Die beiden Hunde saßen neben den beiden Frauen und beobachteten sie zufrieden, denn endlich sprachen die Frauen wieder miteinander. Die ganze Nacht über hatten sich Mutter und Tochter viel zu erzählen.

Sie sprachen über vergangene Zeiten, was geschehen war in den Jahren, in denen sie keinen Kontakt hatten. Schließlich auch über ihre Streitigkeiten. Isabel bedauerte es, keine bessere Mutter gewesen zu sein. Und Rosa machte sich Vorwürfe, ihre Mutter ungerecht behandelt zu haben. Keine hielt der anderen ihre Fehler mehr vor. Beide waren froh, endlich wieder zueinandergefunden zu haben. Sie wollten alle Konflikte endlich hinter sich lassen. Nie mehr wollten sie sich streiten. Nie mehr getrennt sein. Schließlich berichtete Isabel auch ausführlich davon, wie die beiden Hunde ihr den Mut gegeben haben, sich auf den Weg zu ihrer Tochter zu machen. Und Bonny und Pippa hörten aufmerksam zu und waren die Zeugen dieser Versöhnung.

»Wir werden jetzt immer zusammenbleiben!«, versicherte Rosa ihrer Mutter mit fester Stimme, Isabel nickte nur schwach, denn sie war von der anstrengenden Wanderung und den starken Schmerzen sehr erschöpft und schlief ein. Doch am nächsten Morgen wachte sie nicht mehr auf. Ihr Herz hatte aufgehört zu schlagen. Rosa starrte fassungslos auf das reglose Gesicht ihrer Mutter. Pippa und Bonny begannen traurig zu winseln. Dann nahm Rosa die Hand ihrer Mutter und sang leise ihr Lieblingslied.

Isabel war nicht mit Bitterkeit und Gram auf ihre letzte Reise gegangen. Nach dem Tod ihrer Mutter wollte Rosa die beiden Hunde behalten und ihnen ein neues Zuhause bieten. Sie fuhr mit ihnen nach Huesca zu einem Tierarzt. »Aber als ich beim Tierarzt vorfuhr und die Autotür öffnete, sprangen beide raus und rannten davon!«

»Man könnte sagen, sie hatten ihre Mission erfüllt und waren weitergezogen«, sagte ich Rosa zum Abschied und bedankte mich für die Zeit, die sie mir geschenkt hatte.

Am nächsten Tag fuhr ich nach Madrid und nahm den Flieger nach Düsseldorf. Sofort begab ich mich zum Hundehotel und holte die beiden Helden ab, die mich schon am Tor sehnsuchtsvoll erwarteten. Sie sprangen mich erfreut an, als wäre ich jahrzehntelang weggewesen. »Ist ja gut! Ich habe euch doch auch vermisst!« Ich kraulte sie ausgiebig. Gut gelaunt fuhren wir heim. Auf der Fahrt rief ich Ellen an.

»Schön, dass du dich meldest«, hörte ich ihre freudige Stimme, »heute Abend bin ich wieder zu Hause, und wir können unser Wiedersehen feiern.«

»Das freut mich! Und bei der nächsten Gelegenheit holen wir die gemeinsame Reise nach!«

»Steht das Angebot mit Toledo noch?«, fragte sie lachend.

»Jederzeit!«, versicherte ich ihr und besänftigte so mein schlechtes Gewissen, das ich trotz meiner guten Absichten wegen meiner Flunkereien hatte. Ich freute mich auf das Buch, das ich ihr nach dem Abschluss meiner Recherche schenken wollte. Damit es auch rechtzeitig fertig würde, machte ich mich, sobald ich nach Hause kam, daran, die Erlebnisse von Bonny und Pippa aufzuschreiben. Das, was sie in Toledo und Huesca erlebt hatten, bewies mir einmal mehr, dass die beiden ein außergewöhnliches Maß an Liebe, Hilfsbereitschaft und Mitgefühl besaßen.

Die Geschichte von Isabel hatte mich beeindruckt. Obwohl die vom Leben enttäuschte Frau sie anfangs mit Steinen beworfen hatte, waren die Hunde nicht weggelaufen – als hätten sie tatsächlich gewusst, dass sie ihr später helfen mussten. Mir fielen die sogenannten Trosthunde ein, über die ich kürzlich einen Aufsatz gelesen hatte. Diese Hunde wurden bei Katastrophen eingesetzt, um traumatisierten Menschen zu helfen. Sie lassen sich streicheln und vermitteln ein Gefühl der Ruhe und Geborgenheit.

Bei Isabel war es ähnlich. In ihrer Einsamkeit hatte sie Trost bei Bonny und Pippa gefunden und sich ihnen anvertraut. Dadurch konnte sie den Entschluss fassen, sich mit ihrer Tochter zu versöhnen. Bonny und Pippa hatten das alles bestimmt nicht bewusst herbeigeführt. Und trotzdem ein kleines Wunder vollbracht.

Als ich beim Abendessen mit Ellen ganz allgemein über die Wirkung der Hunde als Trostspender sprach, fiel ihr eine Anekdote ein: »Bonny ist so anhänglich, dass sie sich sogar ausgezeichnet als Trosthund eignet. Als ich schwer erkältet das Bett hüten musste, legte sie sich ungefragt zu mir, obwohl sie genau weiß, dass sie das normalerweise nicht darf. Das Resultat: Ohne Bonny wäre ich eine Woche im Bett geblieben, mit Bonny dauerte es sieben Tage. Aber ich habe die Erkältung viel leichter ertragen«, erinnerte sich Ellen schmunzelnd.

»Doktor Bonny und Professor Pippa!«, kommentierte ich und streichelte die beiden.

Dazu passte auch, was ich über das Streicheln von Hunden gelesen hatte, dass es nämlich den Herzschlag beruhigt und die Muskulatur entspannt.

»Logisch, dass Sigmund Freud seinen Hund zu seinen Sitzungen mitnahm«, meinte Ellen und nahm Bonny auf den Schoß. »Für die depressiven Patienten war es eine große Beruhigung, wenn sie den Hund streicheln konnten.«

Und damit Pippa nicht zu kurz kam, kraulte ich ihren Nacken.

»Übrigens, in drei Wochen habe ich Geburtstag!«, fiel Ellen ein, »hast du schon eine Idee, was du mir schenkst?«

Ich sah ihren kecken Blick und runzelte die Stirn. »Ich denke, ich muss mich in dieser Hinsicht mit den beiden Hunden kurzschließen …«

Die Legende von Bonny und Pippa

»Dass mir der Hund das Liebste sei, sagst du, oh Mensch, sei Sünde.
Der Hund blieb mir im Sturme treu, der Mensch nicht mal im Winde.«
Franz von Assisi

Ich hatte schon so viel über die abenteuerliche Reise von Bonny und Pippa erfahren, und all diese lustigen, traurigen und berührenden Begebenheiten und Begegnungen gaben schon mehr als genug Stoff für den Bericht, den ich für Ellen verfasste.

Aber natürlich wollte ich mich nicht zufriedengeben, bis ich alles versucht hatte, um den Verlauf ihrer Reise möglichst lückenlos rekonstruieren zu können. Deshalb saß ich an meinem Schreibtisch, starrte auf die Karte und grübelte, ob ich mich noch einmal bei Marta melden sollte. Denn ich erinnerte mich daran, dass sie von einer Nonne erzählt hatte, die die Hunde in Italien gesehen haben wollte.

Das war natürlich blanker Unsinn, aber im Moment war es die einzige Spur, die mir blieb. Also atmete ich noch einmal tief durch und rief dann bei Marta an, um mir die Geschichte in aller Ausführlichkeit erzählen zu lassen.

Als ich den Hörer wieder auflegte, war ich reichlich irritiert, aber ich war mir auch sicher, dass dieser Bericht unbedingt in das Buch musste. Denn im Unterschied zu mir war Ellen empfänglicher und sensibler für übersinnliche Ereignisse …

Aber der Reihe nach. Die folgende Geschichte soll sich laut Angaben von Marta und David im italienischen Gubbio zugetragen haben. Meine Recherche im Internet ergab, dass Gubbio in Umbrien liegt und dass der Legende nach Franz von Assisi dort einen Wolf gezähmt haben soll. Ich muss noch vorausschicken, dass die Informationen über die folgenden Ereignisse nur auf einem Telefonat zwischen einer Nonne und Marta basieren. Ein wenig guten Glauben sollte man für sie also mitbringen.

Eines Tages tauchten um die Mittagszeit zwei kleine Hunde in Gubbio auf: ein brauner mit kurzen Beinchen und ein etwas größerer mit weißem Fell. Die Sonne schien unbarmherzig auf den Marktplatz des kleinen Städtchens und ließ den Asphalt regelrecht kochen. Die beiden Hündchen tapsten wie auf Kohlen und retteten sich schließlich in den Springbrunnen, der für Abkühlung sorgte. So weit fielen die beiden nicht auf. Doch als der kleine Braune aus dem Brunnen sprang, über den Platz lief und sein rechtes Hinterpfötchen an einer Häuserecke hob und sich erleichterte, begannen die Schwierigkeiten. Die Aktion missfiel nämlich einem Polizisten, der die Streuner sofort von dem Marktplatz vertreiben wollte. Als die beiden Fersengeld gaben, eilte er ihnen schimpfend nach.

Die Verfolgungsjagd führte durch mehrere Gassen und endete schließlich am Denkmal des heiligen Franz von

Assisi. Die beiden Hunde blieben direkt davor stehen und schauten den Polizisten an, der gerade einen Ast hochhob, um sie zu verdreschen: »Na wartet, ich werde euch gleich das Fell über die Ohren ziehen!«

»Wie kannst du so grob gegen diese Geschöpfe sein? Siehst du nicht, dass sie unter meinem besonderen Schutz stehen?«, schallte es plötzlich über den Platz. Der Polizist traute seinen Ohren nicht und starrte auf das Denkmal. Hatte Franz von Assisi mit ihm gesprochen? Oder hatte er einen Sonnenstich? Jedenfalls machte sich der verunsicherte Carabinieri eilig davon und suchte lieber ein schattiges Café auf.

Zeuge dieses seltsamen Vorfalls war eine Nonne namens Elisabeth gewesen, die gerade vom Markt kam. Sofort kümmerte sie sich um die beiden kleinen Hunde und beruhigte sie. Die Tiere, nennen wir sie mal Bonny und Pippa, wurden sofort mit stillem Mineralwasser versorgt und bekamen auch leckere Mortadella. Als die freundliche Frau am Nachmittag wieder vorbeischaute, ruhten die Hunde immer noch vor dem Denkmal, allerdings waren sie jetzt in illustrer Gesellschaft. Mehrere Katzen und zwei andere Hunde hatten sich zu ihnen gesellt. Alle lagen friedlich nebeneinander und warteten offenbar auf den Sonnenuntergang, der ein wenig Abkühlung versprach. Die Nonne wunderte sich nicht über den Klub der dösenden Tiere, der sich am Denkmal versammelt hatte, weil sie wusste, dass der heilige Franz der Schutzpatron aller Lebewesen ist.

In den folgenden Tagen konnte sie nichts über die Herkunft der beiden kleinen Streuner in Erfahrung bringen. Niemand schien sie zu vermissen. Da sie die Hunde nicht ins Kloster mitnehmen durfte, brachte sie ihnen und natürlich auch den anderen Tieren täglich leckeres Futter. Von dem Polizisten ging keine Gefahr mehr aus, da er sich nicht mehr am Denkmal blicken ließ.

Bonny und Pippa blieben nur drei Tage. Als Schwester Elisabeth am Sonntag nach der Messe am Denkmal vorbeischaute, waren sie fort.

Als ich über diese Geschichte nachdachte, fragte ich mich halb scherzhaft, ob Hunde eigentlich auch heiliggesprochen werden können oder ob sie ins Paradies kommen. Sogar Papst Franziskus hat über die Thematik nachgedacht, obwohl die geltende Lehre der katholischen Kirche den Eintritt ins Paradies ausschließlich Menschen vorbehält.

Aber auch wenn man ans Paradies glaubt, würden meiner Ansicht nach Hunde nicht dorthin reisen können – weil sie es nie verlassen haben. Im Unterschied zu den Menschen lügen Hunde nicht und sind zu keiner Sünde fähig. Gut, wenn man es ganz genau nimmt, können zwar auch Hunde flunkern, zum Beispiel wenn Pippa aus meiner Tasche Schokolade mopst und erst einmal unschuldig guckt, nach dem Motto »ist was?« Und wenn ich sie frage, ob sie die Schokolade gefressen hat, tut sie weiter ahnungslos, was ich natürlich als Lüge interpretiere. Aber wenn ich meine Stimme erhebe und mit dem Zeigefinger wedle, dann wechselt sie ihren Gesichtsausdruck in den Modus »schuldbewusst«. Demutsvoll senkt sie ihren Kopf und schaut theatralisch nach unten, regelrecht oscarverdächtig. Spätestens dann habe ich ihr verziehen, weil ich einfach lachen muss. Ich kann ihr doch nicht böse sein!

Aber zurück zur Paradiesfrage. Man muss keine Verhaltensforschung betreiben, um festzustellen, dass kein Tier lügt, boshaft oder gar hinterhältig ist. Das ist leider ein Privileg der Menschen. Kurzum: Man kann also auch sagen, dass Tiere, bzw. Hunde keine Moral kennen und deswegen ehrlich, treu und anhänglich sind. Klingt unlogisch, ist es aber nicht.

 Was sollen wir im Paradies?

Da gibt es doch nur Äpfel
und keine Würstchen!

Die Geschichte von Gubbio klang schon sehr fantastisch. Da schimpfte der heilige Franz von Assisi einen Polizisten aus … Und die beiden Hunde vertrugen sich auch noch mit ihren Erzfeinden, den Katzen. Das grenzte wirklich an ein Wunder, denn eigentlich reagierte Pippa äußerst allergisch auf die Stubentiger, um es noch diplomatisch auszudrücken. Und dann ist Gubbio auch noch 1500 km entfernt von Huesca! Ob das alles stimmen konnte? Aber hatte nicht jede Legende einen wahren Kern? Und wie stand es mit der Sage vom heiligen Franz und dem bösen Wolf? Viele Menschen glaubten daran, und warum sollte ich mich darüber lustig machen? Man kann ja die Geschichte als Parabel verstehen, dass Menschen und Tiere miteinander auskommen müssen.

Einige Zeilen von Franz von Assisi, die ich bei meiner Recherche gelesen hatte, gingen mir nicht aus dem Kopf: »Alle Geschöpfe der Erde fühlen wie wir. Sie lieben, leiden und sterben wie wir, es sind unsere Brüder!« Klang das nicht nach Khoa?! Na ja, viele Menschen behandeln ihre Haustiere, zumal Hunde und Katzen, wie Menschen, aber wie steht es mit den anderen Geschöpfen? Wie viele Schweine und Rinder vegetieren eingepfercht dahin?

Überhaupt die Massentierhaltung. Kühe wurden künstlich befruchtet, damit sie möglichst viel Milch produzieren, und dann, wenn die Milch weniger wird, geschlachtet. Oder das arme Geflügel: Männliche Küken werden gleich nach dem Ausschlüpfen getötet, weil Hähne nun mal keine Eier legen.

Natürlich war ich gegen die industrielle Nutzung von Tieren, aber müsste ich dann konsequenterweise nicht auch auf den Konsum von Fleisch verzichten? Ich weiß nicht, ob Franz von Assisi Vegetarier war, aber wenn man ihn ernst nehmen will, sollte man es wohl werden.

Von den Hunden konnte man das nicht verlangen, wobei Pippa, die auf der Straße aufgewachsen war, wirklich ein Allesfresser ist. Sie ist weit weniger verwöhnt als Bonny, die am liebsten nur gekochten Schinken, Hähnchen und Kuchen verspeist.

Beim Gedanken an die anspruchslose Pippa musste ich an früher denken, als es mir selbst nicht so gut ging. In meiner Kindheit in Griechenland zum Beispiel gab es nur einmal im Monat Fleisch, ansonsten viel Gemüse und Hülsenfrüchte. Hatte ich damals denn etwas vermisst? Nein! Warum also nicht back to the roots und weniger Fleisch und weniger Brimborium auf dem Teller?

Auch als Freund guter Küche ließ ich mich von Michelinsternen nicht blenden. Mich nervten sowieso die zahlreichen Kochsendungen, in denen Sterneköche die kompliziertesten Gerichte kochten, natürlich meist mit Fleisch. Genug, sagte ich mir! Ich nahm mir vor, weniger davon zu essen. Zwar bezweifelte ich, dass ich es zum Vegetarier bringen würde, aber warum sollte es nicht möglich sein, den Fleischkonsum stark zu reduzieren?

»Wie kommst du plötzlich darauf, dass du kein Fleisch mehr essen willst?«, fragte mich Ellen, als ich ihr von meinem Entschluss erzählte.

»Das will ich schon noch, aber viel weniger!«, stellte ich richtig.

»Papa, Bonny und Pippa würden auch niemals Vegetarier werden!«, meinte mein Sohn, der sich nicht so leicht von den Vorzügen der fleischlosen Kost überzeugen ließ.

»Wenn ich auf etwas verzichten würde, dann auf Kohlenhydrate!«, kommentierte Sophie altklug, die wie viele ihrer Freundinnen täglich ihr Gewicht prüfte.

»Gibt es denn einen Anlass für deine Entscheidung?«, wollte Ellen wissen.

»Vielleicht eine Frau, die dich auf den Geschmack gebracht hat?«, witzelte Sophie, relativierte aber zugleich: »Spaß!«

»Also bitte! Wenn schon, dann zwei Frauen!«, lachte ich und zeigte auf Pippa und Bonny. »Kein Spaß!«

 Wir essen nicht nur Fleisch!

Wir lieben auch Süßigkeiten!

Der Johanniter

Dass Bonny und Pippa Promenadenmischungen sind, also keine reinrassigen Hunde, hatte nie jemanden gestört. Mir war es ohnehin völlig schnuppe, schließlich beurteile ich auch Menschen nicht nach der Herkunft. Rassen und Stammbäume für Hunde? Nein danke!

In dieser Angelegenheit dachte ich wie Ellen, die den Standpunkt vieler Tierschützer vertrat, wonach es genug Hunde gibt und man folglich auf neue Züchtungen verzichten kann. Obendrein kritisierte sie die Menschen, die Hunde als Statussymbol hielten, was ich nachvollziehen konnte, besonders wenn ich die zitternden Nackthunde in den Handtaschen bestimmter Damen sah.

Doch offensichtlich denken nicht alle Hundehalter so. Diese Erfahrung musste ich im Park machen, als ich Ellen auf einen Spaziergang mit den beiden Hunden begleitete.

Eine hingebungsvoll aufgebrezelte Frau im engen weißen Rock und meterlangen Extensions brachte ihren kleinen, gepflegten Hund in den Auslauf, damit er ein paar Runden drehen konnte.

»Patrizia ist eine Malteserhündin! Gibt es einen süßeren Hund?«, gurrte sie und beobachtete mit kritischen Augen Pippas Kontaktversuche. Bonny zeigte dem Fellbündel die kalte Schulter und roch lieber am Laternenpfahl, der vor Kurzem von einem Kollegen heimgesucht worden war.

»Pippa ist ein Mädchen, ihre Patrizia braucht keine Angst zu haben!«, meinte ich leicht genervt.

»Na, da bin ich beruhigt! Wenn sie ein Baby kriegt, dann natürlich nur von einem reinrassigen Malteser!«, betonte Mrs Arrogant.

»Natürlich!«, echote ich und wechselte mit Ellen ärgerliche Blicke.

»Liebling, lauf bitte nicht zum Baum dahinten! Dort ist es dreckig!«, ermahnte die Rasse-Dame ihre Patrizia, deren Fell so sauber war, als käme sie gerade aus der Waschmaschine. Ich brauche nicht zu betonen, dass Pippa der Dreck komplett egal war.

Nachdem die weiße Dame sich vergewissert hatte, dass unser Schmutzfink ihrem Liebling nichts Böses wollte, hatte sie sogar ein Kompliment für Pippa übrig: »Ein schöner Hund …«, um dann hinzusetzen: »… nur schade, dass er ein Mischling ist!«

Wie gesagt, ob ein Hund reinrassig war oder nicht, interessierte mich genauso wenig wie der berühmte Sack Reis in China. Ellen allerdings, die bisher aus Höflichkeit geschwiegen hatte, rollte genervt mit den Augen. Um die Ehre meiner Frauen zu verteidigen, konterte ich: »Aber natürlich ist Pippa ein Rassehund, was denken Sie denn!«, tat ich empört.

»Ach ja? Was für einer denn?«, entgegnete sie schnippisch und bedachte unser Fellknäuel mit einem abwertenden Blick, als wäre sie Aschenputtel.

»Sie ist ein Johanniter!«, behauptete ich und verzog keine Miene dabei.

»Ich kenne Malteser, aber Johanniter? Noch nie davon gehört!«

»Tja, kein Wunder. Es gibt nur wenige davon, weil der Johanniterorden sehr strenge Zuchtkriterien angibt, ganz anders übrigens als es bei den Maltesern der Fall ist, die man mittlerweile günstig bei eBay bekommt, nicht wahr, Schatz?« Ich schaute zu Ellen, die nur mühsam ein Lachen unterdrücken konnte.

»Bei eBay?« Die Rassefrau schaute so entgeistert, als hätte man ihr einen Mercedes mit Trabimotor angedreht.

»Die Malteser sind halt nicht mehr das, was sie mal waren. Aber bei den Johannitern ist das ganz anders! Es gibt weltweit nur 750!«, erklärte ich und zeigte stolz auf Pippa, »und das ist einer davon!«

Die Frau wusste für einen Augenblick nicht, ob sie mir glauben sollte oder nicht. Sie blickte zu Ellen, die sich inzwischen gefangen hatte und bestätigend mit dem Kopf nickte.

»Seit wann gibt es denn die Johanniter?«, fragte sie und schaute nun Pippa mit ganz anderen Augen an.

»Seit 950 Jahren«, improvisierte ich. »Länger als es die Malteser gibt!« Ich war so überzeugend, die Malteser-Lady hätte mir auch geglaubt, dass die Erde eine Scheibe ist.

»Aha! Das ist ja sehr beeindruckend …« Die Frau machte nun große Augen und begann Pippa zu kraulen.

»Und diese Kleine dort!«, mischte sich nun Ellen ein und zeigte auf Bonny, »ist ein C-K-T, ein Canaro-Kurz-haar-Terrier.«

Dass wir auch Bonny kurzerhand in den Adelsstand erhoben, musste sein. Sie sollte sich nicht benachteiligt fühlen.

»Dass sie ein Rassehund ist, habe ich sofort gesehen! Sehr niedliches Tier!«, beeilte sich die Frau hinzuzufügen. Bonny war das Kompliment egal. Sie legte lieber eine Wurst.

»Einen schönen Tag noch!«, flötete ich und setzte mit Ellen und den beiden Rassehunden den Spaziergang fort.

Auf dem Nachhauseweg mussten wir immer wieder über meinen Streich lachen.

»Die wird jetzt alles in Bewegung setzen, um etwas über die Johanniter zu erfahren!«, amüsierte sich Ellen.

»Und wenn sie eine Million Euro für den einzigen Johanniterhund namens Pippa anbietet, er ist unverkäuflich«, sagte ich mit ernster Stimme und kraulte Pippas Kopf.

 Es gibt nur einen Johanniter,
und das bin ich!

Das ist nichts gegen einen
Canaro-Kurzhaar-Terrier!

Den meisten Menschen, die Pippa und Bonny begegneten, war ihre Herkunft jedoch wurscht. So auch Ludwig, der sich einige Tage später telefonisch bei mir meldete. Er wohnte in der Umgebung von Freiburg und war von seiner Tochter auf meine Anzeige aufmerksam gemacht worden. Sofort verabredeten wir uns zu einem Telefonat am

Abend. Ich erfuhr, dass er den beiden Hunden am Bubal-Staudamm begegnet war, etwa 80 Kilometer von Huesca entfernt. Ludwig, der eine sympathische Stimme hatte, freute sich, mir seine Geschichte erzählen zu können.

»Aber sie ist nicht sehr spannend!«, warnte er mich.

»Das spielt überhaupt keine Rolle!«, versicherte ich ihm und war ganz Ohr.

Der Campingtrip

Ludwig lebte in einer kleinen Ortschaft in der Nähe von Freiburg. Vor einiger Zeit war er mit seinem VW-Campmobil in den Pyrenäen und wollte dort eine Woche Urlaub machen. Seine Lust hielt sich in Grenzen, weil er ursprünglich zusammen mit seiner Frau fahren wollte, doch die musste für eine erkrankte Kollegin einspringen. Insofern wollte bei Ludwig zunächst keine rechte Urlaubsstimmung aufkommen.

Und dann kam eins nach dem anderen. Er hatte gerade am Bubal-Stausee sein Lager aufgeschlagen, als er feststellte, dass er die Gasflasche für seinen Kocher zu Hause gelassen hatte. Frustriert und hungrig setzte er sich ans Steuer, um wenigstens in einem schönen Restaurant Abend zu essen. Doch nach wenigen Minuten war die Fahrt auch schon zu Ende. Kein Benzin! Wäre er nur in Deutschland geblieben!

Fluchen half nichts, er musste zu Fuß los, um Sprit zu besorgen. Auf dem Weg zur nächsten Tankstelle merkte er, dass er verfolgt wurde: Zwei kleine Hunde, ein weißer und ein brauner, hefteten sich an seine Fersen. Doch er schenkte den beiden keine Beachtung, schließlich hatte er andere Probleme. Bald erreichte er eine Tankstelle, besorgte sich Benzin und machte kehrt.

»Was wollt ihr von mir?«, fragte er die beiden Hunde, als er merkte, dass sie immer noch hinter ihm her trotteten. Die beiden schauten ihn mit großen Augen an. »Ihr könnt meinetwegen mitkommen!«, sagte er da – und das machten sie auch.

Ludwig hatte Mitleid mit den Tieren und gab ihnen einige kalte Würstchen zu fressen. Sie futterten hastig, anscheinend hatten sie schon länger nichts mehr bekommen. Er hatte auch nichts dagegen, dass sie die Nacht im Vorzelt verbrachten. Da er zu Hause selbst einen Hund hatte und die Problematik mit Flöhen kannte, checkte er jedoch erst einmal beide nach den lästigen Parasiten durch. Und die Hunde ließen sich geduldig untersuchen und waren wahrscheinlich genauso froh wie Ludwig, als er sie für »FF« (Floh-frei) erklärte und sie das Campmobil betreten durften. Am nächsten Morgen waren die beiden Hunde weg. Die sind bestimmt zu ihrem Besitzer, dachte Ludwig und entschloss sich zur Weiterfahrt. Nach einigen Hundert Metern entdeckte er die Streuner jedoch am Straßenrand. Beide standen wieder alleine da, wie bestellt und nicht abgeholt. Ludwig fuhr rechts ran und wollte ihnen etwas zu fressen anbieten.

In dem Moment sprangen beide einfach auf den Beifahrersitz, als wollten sie sagen: »Wir fahren jetzt mit dir, Ludwig!« Er musste über das drollige Pärchen lachen. »Meinetwegen könnt ihr mitkommen, dann langweilen wir uns eben zu dritt!«, meinte er, aber da täuschte er sich ganz gewaltig, denn die beiden Hunde brachten in den nächsten Tagen endlich Freude in seinen tristen Urlaubsalltag.

Er ging mit ihnen spazieren, was wunderbar ohne Leine funktionierte (die er eh nicht gehabt hätte), weil sie ihm auf Schritt und Tritt folgten. Sie begleiteten ihn zum Angeln und waren dabei eine bessere Gesellschaft als seine Frau, wie Ludwig insgeheim dachte, denn im Gegensatz zu ihr verhielten sich die Hunde still und verscheuchten die Fische nicht. Und wenn er abends vor seinem Grill saß und im Schein der Campinglampe ein Buch las, schmiegten sie sich an ihn.

Als er mit seiner Frau telefonierte und ihr von seinen neuen Freunden erzählte, war sie froh, dass er den Urlaub doch noch genießen konnte. Er nahm sich vor, die beiden Hunde mit nach Hause zu nehmen und untersuchen zu lassen, ob sie gechipt waren. Eine gute Bekannte, die sich um herrenlose Hunde kümmerte, würde ihm bestimmt helfen. Das Trio fuhr langsam um den Stausee und fühlte sich pudelwohl. Weil er nicht wusste, wie die beiden hießen, nannte er Bonny Fips und Pippa Olli, wobei er natürlich festgestellt hatte, dass es sich um Damen handelte. Das Trio kam sich immer näher, und er erzählte ihnen von seinem Leben und dass er stolz war, dass er schon eine Enkelin hatte. Bald würde er wieder Großvater werden, weil seine Tochter ein weiteres Kind erwartete. Doch die beiden Hunde waren nicht nur gute Zuhörer und sorgten für einen erholsamen Urlaub, sondern erwiesen sich auch als Überbringer guter Nachrichten.

In der vierten Nacht seiner Reise wurden Bonny und Pippa durch sein vibrierendes Handy wach. Ludwig schlief tief und fest, doch sofort bellten sie Ludwig wach. Er ging ran und erfuhr, dass seine Tochter bereits im Krankenhaus war, weil die Wehen eingesetzt hatten!

Eilig packte er zusammen und verfrachtete die beiden Hunde in den Schlafraum. Noch in derselben Nacht fuhr er nach Hause. Erst kurz nach Sonnenaufgang legte er eine Rast ein – da befand er sich schon in Frankreich – und wollte die Hunde austreten lassen. Doch da merkte er, dass sie fort waren. Er durchsuchte den ganzen Wagen, guckte unter Polster und Sitze, in den Schränken und sogar in den Schubladen – zumindest Bonny hätte da ohne Weiteres reingepasst. Keine Spur von den beiden.

Sie mussten, noch bevor er losgefahren war, wieder herausgeschlüpft sein!

Natürlich war er traurig, dennoch fuhr er weiter, schließlich wollte er die Geburt seiner Enkelin nicht verpassen. Er hoffte nur, dass es seinen beiden kleinen Glücksbringern gut ging.

Ludwig erreichte das Krankenhaus in Freiburg fünf Minuten nach der Geburt seiner zweiten Enkeltochter. Glücklich teilte ihm seine Frau mit, dass es Mutter und Kind gut ging. Die Freude bei allen war natürlich riesengroß.

Und wem hatte er die Familienzusammenführung zu verdanken? Bonny und Pippa, die ihn rechtzeitig aufgeweckt hatten. Er bedauerte es, dass er seiner Familie die beiden Hunde nicht vorstellen konnte, die er am liebsten behalten hätte. Doch mittlerweile hat sich alles in Wohlgefallen aufgelöst. Schließlich weiß er ja nun, dass es seinen Urlaubskameraden an nichts fehlt.

In dieser Nacht, nach dem Telefonat mit Ludwig, hatte

ich einen merkwürdigen Traum. Ich sah meinen Bruder. Er stand barfuß am Strand, hielt einen roten Ballon und weinte. Jemand sang »Happy Birthday« im Hintergrund. Obwohl die Sonne schien, regnete es stark.

Das Weinen wurde immer lauter und lauter. Dann platzte der Ballon. Schweißgebadet wachte ich auf und konnte gar nicht wieder einschlafen. Die Sonne war bereits aufgegangen und schien ins Zimmer. Aus einem Gefühl heraus schaute ich in einen Kalender und stellte fest, dass mein Bruder Geburtstag hatte. Wann hatte ich ihm das letzte Mal gratuliert? Ich wusste es nicht mehr. Schlagartig wurde mir klar, dass ich den Kontakt zu meiner Familie in Athen vernachlässigte. Dort lebten meine Schwester und mein Bruder, doch die beiden sah ich nur sporadisch, wenn ich sowieso in Griechenland Urlaub machte. Ich musste zugeben, dass ich sie nicht vermisste. Und wahrscheinlich vermissten sie mich auch nicht.

Diese kaputten Familienbande resultierten daraus, dass meine Eltern früh gestorben waren und wir Kinder in zwei unterschiedlichen Ländern aufgewachsen waren. Aber reichte das als Erklärung? War das Ausrede genug, mich nicht bei meinem Bruder zu melden?

Je mehr ich darüber nachdachte, desto stärker wurde mein schlechtes Gewissen und der Wunsch, wieder mehr Kontakt zu meiner Familie in Griechenland zu haben. Kurzerhand rief ich meinen Bruder in Athen an, obwohl es noch früh am Morgen war.

Er fiel aus allen Wolken, als er meine Stimme hörte: »Hey, was ist los? Ist den Kindern was passiert? Oder bist du krank geworden?«, fragte er besorgt.

»Nein, nein, ich wollte dir nur zum Geburtstag gratulieren!«, antwortete ich.

»Bist also doch krank!«, kommentierte er und meinte es nur halb im Scherz.

In diesem Moment fiel mein Blick auf Pippa. Hob sie etwa ihre linke Augenbraue? Machte sie sich über mich lustig? Ich wurde einfach nicht schlau aus diesem Hund.

In der folgenden Zeit nahm ich den Kontakt zu meinem Bruder und meiner Schwester wieder auf und halte die Verbindung bis heute aufrecht. Wir rufen uns zwar nicht täglich an, tauschen uns aber doch in regelmäßigen Abständen aus. Die fehlenden Jahre lassen sich zwar nicht nachholen, aber wir schauen nach vorne und versuchen uns nicht mehr aus den Augen zu verlieren.

Und dann fragte ich mich, warum ich auch viele Freunde vernachlässigte. Da war zum Beispiel Moritz, den ich seit Ewigkeiten nicht mehr gesehen hatte. Schon vor Jahren hatten sich unsere Wege getrennt, ohne dass es dafür einen bestimmten Grund gegeben hätte. Spontan griff ich erneut zum Hörer.

Natürlich war er sehr erstaunt, als ich ihn anrief. Aber die alte Flamme der Freundschaft loderte wieder hoch, und wir telefonierten über eine halbe Stunde. Sofort fanden wir wieder einen Draht zueinander, lachten viel und machten die gleichen Witze, die wir vor Jahrzehnten gemacht hatten. Die Chemie stimmte.

Als wir merkten, dass wir uns immer noch viel zu sagen hatten, verabredeten wir uns.

Wir gingen essen, und es war wie früher, abgesehen davon, dass die Haare dünner und die Bäuche dicker geworden waren. Natürlich störten wir uns nicht daran. Keiner von uns wusste mehr, warum wir den Kontakt abgebrochen hatten. Es gab keinen erkennbaren Grund, keinen Streit, keine Kränkung. Uns wurde klar, dass wir einfach zu faul gewesen waren, um unsere Freundschaft zu pflegen. Jeder war in seinem Trott und Alltag gefangen. Davon machten wir uns fortan frei und sahen uns jetzt wieder öfter. Und beim zweiten Treffen begleiteten mich meine Freundinnen Pippa und Bonny.

Ein treuer Freund

Ich bin mir nicht sicher, ob Bonny und Pippa gewusst oder gemerkt haben, dass ich sie zunächst nicht allzu sehr mochte. Falls ja, waren sie jedenfalls nicht nachtragend, sondern fühlten sich trotzdem wohl bei mir. Immer wenn ich sie von Ellen abholte, freuten sie sich, die Zeit mit mir verbringen zu können – am liebsten im Park, den ich mittlerweile wie meine Westentasche kannte.

Ellen hatte es in dieser Hinsicht etwas schwerer, weil sie wegen ihrer Arbeit nicht so oft mit ihnen nach draußen gehen konnte. Insbesondere bei der aktiveren und quirligen Pippa war ich dadurch echt im Vorteil. Sie folgte mir oft bei Fuß, auch in meiner Wohnung, und zeigte sich sehr anhänglich.

Dass Hunde treu sind, ist ja nun wirklich nichts Neues, eher eine Banalität. Jeder Hundebesitzer kennt das. Auch in vielen Romanen und Filmen wird die bedingungslose Treue von Hunden beschworen, eines der bekanntesten Beispiele dürfte der Film »Hachiko – Eine wunderbare Freundschaft« mit Richard Gere sein, der auf einer wahren Begebenheit beruht. Hachiko wollte sein Herrchen auch dann noch vom Bahnhof abholen, als der schon längst verstorben war. Ich besorgte mir den Film und schaute ihn gemeinsam mit Ellen an. Auch Bonny und Pippa schien die rührende Geschichte zu gefallen. Bonny knurrte nicht wie sonst, wenn sie einen Hund auf dem Bildschirm erspähte.

»Glaubst du, dass diese Geschichte wahr ist?«, fragte Ellen, als wir danach beim Wein zusammensaßen.

»So ganz abwegig erscheint sie mir jedenfalls nicht, wenn ich an Pippa denke. Kaum bin ich aus der Wohnung, winselt sie eine Weile traurig vor sich hin und hockt dann bei der Tür und wartet, bis ich wieder da bin.«

»Woher weißt du das?«, wunderte sich Ellen.

Mist, das war mir ein wenig peinlich. »Ich habe neulich eine Kamera laufen lassen, als ich das Haus verließ«, gab ich zu. »Bonny ihrerseits wartet lieber geduldig auf der Couch und hält ein Schläfchen, bis ich zurückkomme. Bonny ist offensichtlich mehr auf dich fixiert als auf mich.«

»Sie ist ja auch seit Babytagen bei mir!«, sagte Ellen und kraulte Bonny am Ohr.

Ich erzählte Ellen auch von dem hierzulande leider wenig bekannten Jugendroman »Fass zu, Toyon!« von Nicholas Kalaschnikoff aus den Fünfzigerjahren. In der Erzählung, die in der sibirischen Tundra spielt, opfert sich Toyon, ein sibirischer Hirtenhund, für seinen Besitzer, der im Eiswasser zu ertrinken droht. Selbstlos springt der treue Hund in die kalten Fluten und rettet sein Herrchen. Fortan unfähig, mit seinen erfrorenen Pfoten zu laufen bekommt er in der Jurte den Ehrenplatz, der für das Familienoberhaupt vorgesehen ist.

»Für mich ist Treue ganz wichtig in einer Beziehung«,

meinte Ellen plötzlich und nahm meine Hand. »Schade, dass viele Menschen nicht so treu sind wie Hunde!«

»Wir müssen uns immer sagen, wenn etwas zwischen uns steht«, stimmte ich ihr ernst zu. »Auch wenn jemand anderes im Spiel ist. Das tut zwar in dem Moment weh, aber das sollten wir uns schuldig sein.«

»Warum sagst du das? Gibt es einen Anlass?«, wunderte sich Ellen und ließ meine Hand los.

»Natürlich nicht!«

Erleichtert ließ sie sich in meine Arme fallen und schnurrte zufrieden wie eine Katze. Auch den beiden Hunden ging es gut. Bonny brummte wohlig, und Pippa schob mal wieder ihren Vorderzahn nach vorne.

»Du musst mir auch sagen, wenn dir die Hunde zu viel sind!«, meinte Ellen dann, »sie haben es nicht verdient, dass man sie schlecht behandelt!«

»Sie sind mir doch nicht zu viel!«

»Wie war das eigentlich mit deiner Katze?«, wollte Ellen wissen.

»Natürlich war sie mir ans Herz gewachsen. Über zwölf Jahre meines Lebens hat sie mich begleitet. Doch so vertraut sie mir einerseits war, so fremd blieb sie mir andererseits. Im Gegensatz zu Bonny und Pippa behielt sie ihre Emotionen für sich. War ich ihr Freund, oder war ich nur ihr Ernährer, der stets Futter und frisches Wasser organisierte?«, sinnierte ich.

»Aber du hast sie gemocht?«

»Sehr sogar. Obwohl ich mich nicht erinnern kann, dass sie sich irgendwie für mein Leben interessiert hätte. Sie kam, wann sie wollte, und sie ließ sich streicheln, wann es ihr passte. Natürlich sind das keine sensationellen Neuigkeiten, weil 99 Prozent der Katzenbesitzer die gleichen Erfahrungen machen«, lachte ich und fügte hinzu: »Aber gerade wegen dieser offen zur Schau getragenen Unabhängigkeit habe ich sie gemocht. Sie ließ mich in Ruhe und stellte keine Forderungen, wie zum Beispiel Gassi gehen.«

»Bei Hunden ist es anders. Ein Hund sucht bewusst deine Nähe. Er dankt es dir sofort wie ein kleines Kind mit Zuneigung und Treue«, ergänzte Ellen mit Blick auf ihre Bonny.

»Kneif mich, bitte!«, forderte sie mich plötzlich auf.

»Warum?«

»Weil ich wissen möchte, ob ich träume«, antwortete Ellen und gab mir einen Kuss. »Vor einigen Wochen hast du nämlich noch ganz anders über Hunde gedacht!«

»Vorurteile sind dazu da, überwunden zu werden!«, gab ich selbstkritisch zum Besten.

»Was ein wenig Gassi gehen alles bewirken kann …«, wunderte sich Ellen.

»Nicht nur Gassi gehen …«, deutete ich vielsagend an und dachte an die Abenteuer, die Bonny und Pippa auf ihrer Reise erlebt hatten.

»Ach so, du redest auch mit ihnen, oder wie?«, lachte Ellen ahnungslos, »Herr Hundeversteher!«

»Nachher behauptest du auch noch, dass ich anfange zu bellen!«, scherzte ich und gab ihr einen Kuss.

Ja, an diesem Abend passte kein Hundehaar zwischen Ellen und mich. Es herrschte eitel Sonnenschein. Zwei Tage später jedoch zogen unerwartet dunkle Wolken auf.

Ich war bei Ellen, um einige Lampen anzubringen, und merkte, dass sie irgendwie reserviert war. Schon der Begrüßungskuss war flüchtig ausgefallen.

»Kann es sein, dass es dir nicht gut geht? Hast du vielleicht Ärger in der Kanzlei?«, fragte ich besorgt, während ich die Birnen einschraubte.

»Wie kommst du darauf?« Ihr Ton klang unerwartet scharf.

»Du hast doch irgendwas!«, meinte ich und blickte die beiden Hunde an, die uns beobachteten, »das meint ihr doch auch, oder?«

»Das kannst du dir doch denken«, gab sie kühl zurück und ging in die Küche. Ich blieb ratlos zurück, denn ich hatte nicht die geringste Ahnung, was ich mir denken konnte. Irritiert stieg ich von der Leiter und folgte ihr: »Nun erzähl schon, was ist los?«

Ellen stand mit verschränkten Armen vor dem Herd und fixierte mich wie ein Richter einen Angeklagten.

»Eine Mandantin, die auch einen Hund hat, hat mich angesprochen. Sie sagt, sie hätte Bonny und Pippa in einem Hundehotel gesehen!«

»Wann soll das gewesen sein?«, fragte ich schnell, obwohl ich die Antwort kannte.

»Als ich im Schwarzwald war!«

»Das kann nicht sein. Ich hatte die beiden doch zu Hause«, erklärte ich und ärgerte mich über ihre Mandantin. Hatte die nichts Besseres zu tun, als sich in meine Angelegenheiten einzumischen?

»Aber sie hat die Hunde erkannt!«, insistierte Ellen.

»Meine Güte, dann hat sie die beiden verwechselt!«,

winkte ich ab und versuchte die ganze Sache als Lappalie abzutun.

Damit gab sich aber Ellen nicht zufrieden. Sie schaute mich weiterhin scharf an. »Wir haben uns versprochen, immer die Wahrheit zu sagen, schon vergessen?!«

»Bitte, Ellen-Schatz, das ist doch absurd! Warum sollte ich die beiden ins Hundehotel bringen?«

»Weil du keine Lust mehr auf sie hattest und du dich nicht traust, das zuzugeben? Weil sie dir einfach eine Last sind?«, fragte sie zurück.

»Hast du mich nicht neulich erst einen Hundeversteher genannt?«, empörte ich mich und begann beide zu kraulen. »Die sind mir doch keine Last!«

Ich hoffte damit das Gespräch beenden zu können. Aber dem war nicht so.

»Wenn das so ist, gibt es wohl nur einen Grund, weswegen du sie ins Hundehotel gebracht hast«, sagte sie im Anwaltston und verschränkte die Arme vor der Brust. »Du bist weggefahren und konntest sie nicht mitnehmen!«

Jetzt musste ich aufpassen, wir betraten vermintes Gebiet. Ich ahnte Schreckliches.

»Wo sollte ich denn heimlich hin?«

»Na ja, vielleicht zu einer anderen Frau …«, sagte sie leise.

Dachte Ellen tatsächlich, ich würde sie betrügen? Ich gestehe, dass ich das für eine Sekunde amüsant fand. Wenn sie doch nur wüsste, was ich alles ihr zuliebe getan hatte!

Aber ich musste natürlich diesen schwachsinnigen Verdacht aus der Welt räumen. Entschlossen ging ich zu ihr hin und legte meine Arme um sie: »Erstens gibt es keine andere Frau und zweitens braucht deine Mandantin eine Brille!«

Ich blickte Ellen tief in die Augen und strich ihr über die Haare. Sie seufzte unsicher, und dann sahen wir, dass die beiden Hunde uns schwanzwedelnd anschauten. Das gab den Ausschlag. Ihr Misstrauen verflog zum Glück.

The Hot Dogs

Ellens Geburtstag rückte immer näher, und ihr Geschenk hatte schon ganz konkrete Form angenommen. Die vorhandenen Geschichten reichten bereits für ein Buch, aber wenn die eine oder andere hinzukommen würde, umso besser. Auf jeden Fall würde sie sehr überrascht sein und sich darüber freuen, dessen war ich mir sicher.

Die Episode mit dem Hundehotel war für mich gegessen und ihr Verdacht scheinbar ausgeräumt, jedenfalls sprachen wir nicht mehr darüber. Zum Glück kam Ellen nicht auf die Idee, beim Hundehotel nachzufragen. Im Zweifel für den Angeklagten war ihr Motto, nicht nur als Anwältin. Eine Anwältin als Partnerin zu haben war übrigens auch praktisch, wenn man nicht selbst gerade im Kreuzverhör stand, zum Beispiel wenn man Probleme mit einem Handwerker hat.

»Schau mal, Ellen-Schatz«, sagte ich und zeigte ihr den Brief, »er behauptet, sein Honorar nicht erhalten zu haben, was aber überhaupt nicht stimmt. Kannst du da was machen?«

»Ich kann ihm einen gesalzenen Brief zurückschreiben, wenn du magst!«

»Das wär super!«

Ellen fuhr zur Arbeit, und ich lehnte mich zufrieden in meinem Sessel zurück und tüftelte in Gedanken an dem Buch weiter, als das Telefon klingelte. Es meldete sich ein gewisser Koen, ein junger Niederländer. Auch er war Bonny und Pippa begegnet!

»Haben Sie meine Anzeige gesehen?«, fragte ich ihn aufgeregt.

»Ja! Ein Freund von mir hatte von einem Freund eine Mail mit dem Link zu der Anzeige erhalten …«, erklärte er in perfektem Deutsch.

Sofort war ich Feuer und Flamme und verabredete mich für das Wochenende mit ihm in Roermond, wo er einige Bekannte traf. Von Düsseldorf aus war es nur ein Katzensprung bis zu dem Städtchen nahe der Grenze.

Bevor ich nach Roermond fuhr, meldete ich mich vorschriftsmäßig bei Ellen ab, weil ich auf keinen Fall weitere Missverständnisse provozieren wollte.

»Ich treffe in Roermond einen jungen Mann, den ich für mein nächstes Buch interviewen will.«

»Aha! Was ist das für ein Buch?«

»Gib mir noch ein wenig Zeit, dann werde ich dir alles erzählen. Ich bin etwas abergläubisch und will erst dann darüber sprechen, wenn es so weit ist!«, erklärte ich – und log nicht einmal.

Koen war mir auf Anhieb sympathisch, als wir uns in einem kleinen Café trafen. Er war ein großer junger Mann mit kurzen Haaren und sanften Gesichtszügen, und er schien immer zu lächeln und gut gelaunt zu sein. Ein sanfter Riese eben. Da er weiter nach Amsterdam wollte, hatte er einen großen Rucksack und seine Gitarre dabei.

»Ihre Hunde haben mich reich gemacht!«, lachte er, und als er meinen fragenden Blick sah, nahm er seine Gitarre und spielte leise »Only You« von den Platters.

»Was haben die beiden denn getan?«, unterbrach ich neugierig sein Spiel.

»Das will ich Ihnen gerne erzählen«, lachte Koen und legte die Gitarre beiseite. Während die anderen Besucher des Cafés traurig waren, dass er nicht weiterspielte, freute ich mich auf das, was er zu erzählen hatte.

Koen, 22, hatte die Zusagen für ein Musikstudium erhalten. Um die Wartezeit bis zum Semesterbeginn zu überbrücken, reiste er als Straßenmusikant durch Europa. Zunächst durch Deutschland, dann Frankreich, bis er einen Tipp bekam, es in Spanien zu versuchen.

Während seiner Reise übernachtete er entweder in Jugendherbergen oder in Hostels, auf jeden Fall lebte er bescheiden, was auch nicht verwunderte, weil sich seine Tageseinnahmen in Grenzen hielten, so schön er auch musizierte.

Kaum in Bilbao, seiner ersten Station in Spanien, angekommen, hatte ihn die Stadt in ihren Bann gezogen. »Die Stadt war supergeil! Viele Sehenswürdigkeiten, tolle Bars und Cafés! Doch leider tummelten sich an jeder Ecke viele andere Straßenmusiker, und die meisten waren ziemlich gut!«, erinnerte sich Koen.

Die Konkurrenz war also groß, und Koen traute sich zunächst auch gar nicht seine Gitarre auszupacken, aber ihm blieb keine andere Wahl, weil er nur noch ein paar Euro in der Tasche hatte. Irgendwie musste er schließlich sein Hostel bezahlen. Also suchte er sich ein freies Plätzchen in der Nähe einer Kirche und begann sein Konzert.

Zunächst spielte er die eine oder andere Nummer von den Beatles, doch obwohl er sich anstrengte, blieb kein Passant stehen, geschweige denn warf jemand eine Münze in die Blechdose. »Es war frustrierend! Die Leute gingen einfach weiter und hatten keine Ohren für meine Songs. Entweder ich spielte schlecht, oder ich sang die falschen Lieder!« Aber Koen wollte nicht so leicht aufgeben und sang mutig weiter.

Als er den alten Platters-Hit »Only You« zum Besten gab, passierte es. Plötzlich tauchten zwei kleine Hunde vor ihm auf. Ein brauner und ein weißer. Die beiden stellten sich vor ihn hin und lauschten dem Song. Und dann begann der weiße laut und herzergreifend zu heulen, was beim Refrain »Only you« ziemlich grenzwertig klang.

Koen, normalerweise ein großer Tierfreund, hätte sich am liebsten Watte in die Ohren gestopft, aber er musste ja weiterspielen, was er auch tapfer tat. Zwar zog er Grimassen, um die Hunde zu vertreiben, aber das funktionierte nicht, auch weil er einfach nicht wirklich böse dreinschauen kann. Mochte er mit den Zähnen fletschen oder die Augen hervorquellen lassen, die beiden blieben weiter stehen, und der Hunde-Caruso sang kräftig mit!

Doch dann trat ein, womit Koen niemals gerechnet hätte: Die Leute blieben endlich stehen und lauschten dem ungewöhnlichen Duett. Sie dachten offenbar, dass die Nummer einstudiert war! Einige lachten, andere waren einfach nur überrascht. Viele applaudierten und sangen ebenso ambitioniert mit. Egal ob jung oder alt, man ließ die Hemmungen fallen und stimmte in den Song ein, manche bekamen sogar feuchte Augen, die Emotionen kochten jedenfalls hoch. Koen, zunächst irritiert, war gerührt von der Stimmung. Am Ende des Lieds brandete Applaus auf. Fast alle Passanten warfen Münzen in die Blechbüchse.

Koen konnte es nicht fassen, als er das sah! So viele Zuhörer hatte er noch nie gehabt, und so schnell hatte sich seine Büchse noch nie gefüllt, wenn sie überhaupt jemals voll geworden war. Den beiden Hunden war der Erfolg egal, sie standen weiter brav vor ihm, schauten ihn mit großen Augen an und genossen es, dass viele Leute sie streichelten. Als dann einige junge Leute »Zugabe« riefen, konnte Koen es kaum fassen, aber er ließ sich die Chance nicht entgehen und spielte »Hey Jude«.

Und als er den langen Endrefrain »Na, na, na, na, na, na, na, hey Jude!« anstimmte, fiel der weiße Hund wieder mit ein. Irgendwie schienen die Zuhörer nur darauf gewartet zu haben, denn nun sangen wieder alle mit! Und wieder klingelte es in der Blechbüchse, die mittlerweile so voll war, dass er die Münzen in seine Jackentasche stopfen musste.

Nach der Zugabe packte er seine Gitarre ein und eilte weiter, weil er befürchtete, dass der Besitzer der Hunde auftauchen und womöglich seinen Anteil beanspruchen würde. Doch nichts dergleichen geschah. Niemand verfolgte ihn – mal abgesehen von Bonny und Pippa. Die beiden ließen ihn nicht aus den Augen. Das bekam Koen aber zunächst gar nicht mit.

Motiviert durch den Erfolg seines ersten Konzertes, stellte er sich an einem anderen Ort auf. Obwohl er wieder mit den Beatles begann, ließ die Reaktion der Passanten auf sich warten. Desinteresse so weit das Auge reichte!

Erst als er erneut »Only You« sang, sprangen Bonny und Pippa, die bislang Abstand gehalten hatten, hervor, und Pippa jaulte los. Und wieder blieben die Leute stehen und lachten, und die Münzen flogen im Sekundentakt in die Büchse. Gegen Mittag hatte Koen über 150 Euro eingenommen. Er saß mit seinen beiden Partnern auf einer Wiese und stimmte seine Gitarre. »Vielen Dank, ihr habt mir sehr geholfen! Wo kommt ihr eigentlich her?« Bonny und Pippa wedelten nur fröhlich mit den Schwänzen. Zur Belohnung kaufte er bei einem Metzger einige Würstchen und teilte sie mit den Hunden.

Natürlich konnte er sich nicht erklären, woher die Vierbeiner kamen, sie trugen auch keine Halsbänder. »Ihr seid mir ja welche! Aber ihr scheint mich zu mögen. Und ich mag euch auch!«, lachte er sie an und kraulte sie ausgiebig.

»Wisst ihr was? Wenn ich ehrlich bin, muss ich zugeben, dass ich ohne euch wahrscheinlich keinen Cent verdient hätte. Wir geben ein gutes Team ab!«

Pippa und Bonny sahen das anscheinend genauso, denn als er am späten Nachmittag in einer Einkaufszone erneut musizierte, machten die beiden wieder mit. Koen konnte immer noch nicht einordnen, ob Pippa gegen seinen Gesang protestierte oder ob sie einfach musikalisch war. Es störte ihn aber nicht mehr, dass sie nur über ein bescheidenes musikalisches Talent verfügte und nicht einmal jeden zweiten Ton traf – denn das war ihm bei Einnahmen von 330 Euro total egal. Wahnsinn!

Zur Feier des Tages beschloss er, die Nacht in einem anständigen Hotel zu verbringen anstatt in dem überfüllten Hostel – und natürlich sollten ihn auch die Hunde dorthin begleiten. Es war das erste Mal in seinem Leben, dass er überhaupt in einem Hotel übernachtete, und dann auch noch in einem 4-Sterne-Haus!

Die Hunde machten sich zwar nichts aus dem Jacuzzi und blieben lieber im Trockenen, während Koen sich im Wasser vergnügte. Aber als er Schnitzel mit Pommes für sich und Hähnchen für seine Aushilfsmusiker ins Zimmer servieren ließ, warfen sie jegliche Zurückhaltung über Bord und schlemmten kräftig mit.

Das Trio fühlte sich pudelwohl, und Koen dachte, dass ein Leben als erfolgreicher Rockstar wirklich etwas für sich hatte!

»Wir sollten eine Band gründen und auf Tournee gehen, was haltet ihr davon?«, fragte er seine vierbeinigen Freunde. Sie antworteten mit fröhlichem Schwanzwedeln, was er als Zustimmung interpretierte.

»Aber wie soll ich euch nennen? Ich weiß ja gar nicht, wie ihr heißt!«, fiel ihm ein. Nach reiflicher Überlegung nannte er sie nach zwei Freundinnen Berta und Lucy.

Er wollte mit ihnen in den nächsten Tagen ein paar weitere Städte besuchen und anständig Umsatz machen! Pippa, also Lucy, war seine Begleitsängerin, und Berta, also Bonny, die nicht so musikalisch war, fungierte als Security. Da die neue Band einen Namen brauchte, entschied sich Koen für »The Hot Dogs«. Obwohl es in dem geräumigen Hotelzimmer mehrere Sofas gab, schliefen die drei zusammen in einem Bett. Bonny und Pippa machten es sich am Fußende gemütlich, und Koen wunderte sich, dass ein kleiner Hund wie Pippa so laut schnarchen konnte.

Am nächsten Tag verließen die Hot Dogs Bilbao und fuhren die Atlantikküste entlang, um in den Touristenorten Konzerte zu geben. Einerseits plagte ihn ein schlechtes Gewissen, weil er gar nicht versucht hatte, den Besitzer der Hunde zu finden. Aber andererseits gingen die beiden ja freiwillig mit. Sie waren nicht an der Leine, sondern folgten ihm brav. Vielleicht hatten sie ihn einfach selbst als neuen Besitzer auserkoren.

Da sich Koens finanzielle Situation dank Pippas Unterstützung erheblich verbessert hatte, wollte er auch Erfahrung mit der gehobenen Gastronomie machen. Doch als die drei in einem Gourmettempel einkehren wollten, durften die Hunde nicht mitkommen. »Dann wartet hier auf mich!«, sagte er und ging alleine in das Restaurant. Dort bestellte er, der aus einfachen Verhältnissen kam, zum ersten Mal in seinem Leben Austern und Hummer – was ihm aber gar nicht schmeckte. Auch die Pasta mit Trüffeln war nicht nach seinem Geschmack.

Koen ließ alles liegen, bezahlte und verließ schuldbewusst das Lokal. »Sorry, dass ihr draußen bleiben musstet! Wird nie mehr passieren!«, versprach er den Hunden, die brav auf ihn gewartet hatten. »Es war sowieso total bescheuert, in den Schickimickiladen zu gehen. Der Ruhm ist mir wohl zu Kopf gestiegen!« Da die beiden nicht nachtragend waren, bellten sie ihn freundlich an. Doch kaum hatte Koen seine schlechte Erfahrung im Edelrestaurant verdaut, sponn er wieder an dem Plan herum, reich und berühmt zu werden.

»Was haltet ihr davon, wenn ich mein Programm ändere?«, fragte er seine Bandkollegen nach ein paar Tagen und passte sein musikalisches Repertoire prompt der neuen Lage an. Von nun an sang er hauptsächlich Songs, die mit Hunden zu tun hatten, wie »Me and You and a Dog Named Boo«, »Hound Dog« oder sogar »Black Dog« von Led Zeppelin. Natürlich brauchte er Pippa nicht erst aufzufordern, damit sie sang. Begeistert stimmte sie in die Lieder mit ein. Genauso wie Bonny ihren Teil beisteuerte und mit Argusaugen auf die volle Blechdose aufpasste!

Die neuen Hits schlugen voll ein, und weiterhin prasselte ein Geldregen auf die Band ein. Vom Erfolg berauscht, verlor sich Koen in kühnen Träumereien. Warum sollte er überhaupt noch Musik studieren? Musiklehrer war doch keine Alternative zum erfolgreichen Rockstarleben! Und weil Pippa immer mitsang, kaufte er ein Lederhalsband und ließ darauf bei einem Schuhmacher »Hot Dogs Music« einprägen.

Dann fasste er einen kühnen Plan. Er wollte zurück nach Holland fahren und seinen Eltern mitteilen, dass er doch nicht studieren würde. Stattdessen plante er eine Tournee mit den »Hot Dogs«! Ihm war klar, dass seine Eltern überhaupt nicht von seiner Idee begeistert sein würden, aber er setzte auf die Überredungskunst seiner neuen niedlichen Freunde.

Am letzten Tag vor der Rückreise lag das Trio nach einem sehr erfolgreichen Straßenkonzert am Strand und genoss bei Eis, Würstchen und Cola den Sonnenuntergang. Just in diesem Moment tauchte hinter der Strandbar eine Katze auf. Sie schnüffelte an dem Papierkorb und miaute provozierend in Richtung der drei.

Koen schenkte der Samtpfote keine Beachtung. Für Pippa allerdings war sie ein rotes Tuch! Zunächst bellte sie die Katze an, und dann stürmte sie kläffend auf sie zu. Das riss Bonny aus ihrem Halbschlaf und ließ sie ebenfalls die Verfolgung aufnehmen.

»Hey, bleibt hier! Das ist doch nur eine Katze!«, rief Koen aufgeregt und sprang hoch. Hilflos musste er zusehen, wie die beiden Hunde hinter ihrem Erzfeind herhetzten, der panisch über die Straße lief. »Hiergeblieben!«, schrie Koen und sprintete los. Doch er hatte keine Chance in dem Hunde-Katzen-Rennen. Er blieb Statist.

Sowohl Katze als auch Hunde waren wie vom Erdboden verschluckt. So sehr er auch die Umgebung absuchte, Bonny und Pippa blieben verschwunden. Verflixt! Diese blöde Katze hat meine Karriere zerstört, dachte Koen zunächst. Aber ein Mensch wie Koen kann nicht lange zornig bleiben.

Er dachte in aller Ruhe über alles nach und kam zu dem Schluss, dass das plötzliche Verschwinden der beiden ihn vor einer Riesendummheit bewahrt hatte. Er konnte doch nicht ernsthaft seine Zukunft auf zwei Hunden aufbauen! Sie hatten eine nette und lustige Zeit gehabt, und das war doch auch etwas! Koen war auch kein Mensch, der den Luxus zu seinem Lebensglück brauchte. Austern, Hummer und Trüffeln mussten nicht sein, Frikadellen und Pizza taten es auch. Und warum ein superteures Einzelzimmer mit Kingsize-Bett, wenn er sich auch in seinem Schlafsack wohlfühlte?

Nein, das Leben eines Rockstars war nichts für ihn. Koen wollte doch lieber Musik studieren und Kinder unterrichten. Schließlich war er weder den Hunden noch der Katze böse. Aber schade war es trotzdem, dass er sich nicht richtig von seinen Bandkollegen hatte verabschieden können. Und zu gerne hätte er mit den Hot Dogs ein Konzert vor seinen Eltern gegeben.

»Das war meine Story mit Berta und Lucy. Vielleicht schreibe ich bald einen Song über die beiden!«, meinte Koen lachend mit Blick auf seine Gitarre.

»Mit Sicherheit würde Pippa mitsingen, davon können Sie ausgehen!«, versicherte ich ihm.

»Denken Sie, dass ich die Hunde unter Druck gesetzt habe, damit sie bei der Band mitmachen?«

»Aber nein! Im Gegenteil, Sie haben doch keine Besitzansprüche gestellt. Die beiden Streuner haben doch alles absolut freiwillig gemacht, wie übrigens bei den meisten anderen Menschen auch, denen sie sonst noch unterwegs begegnet sind!«

»Ja, sie waren meine Freunde! Ich habe alles mit ihnen geteilt. Und mir war im Grunde auch bewusst, dass sie sozusagen auf der Durchreise waren, oder wie Canned Heat singen: »On the Road Again …«

Koen sang mit seiner sanften Stimme noch den Refrain des Songs, und dann verabschiedeten wir uns. Auf dem Rückweg musste ich an Pippas Halsband denken.

Ich hatte Koens Prägung anders interpretiert. Aus Hot Dogs Music hatte ich Hot Dogs Madrid gemacht. Offenbar hatte ich das C mit einem D verwechselt. Auf jeden Fall wusste ich nun, warum nur Pippa ein Halsband getragen hatte.

 Katzen können gar nicht so gut singen!

Die treffen das hohe C nicht!

Der schöne Sven

Ellen machte sich rar. Sie hatte plötzlich keine Zeit mehr für mich. Am Montag wollte sie zu ihrer Mutter, am Dienstag zu ihrer Freundin Eva, am Mittwoch war ihr schlecht, und am Donnerstag musste sie zum Elternabend in Sophies Schule. Solch eine Aneinanderreihung von Terminen kannte ich bei ihr nicht. Anders als sonst war außerdem, dass sie mir Bonny und Pippa nicht überließ, damit wir uns gegenseitig in Ellens Abwesenheit Gesellschaft leisten konnten. Allerhöchste Zeit, die Sache zu klären.

»Sag mal, Ellen, du hast doch etwas! Mir kommt es vor, als würdest du mir aus dem Weg gehen!«, sagte ich ihr am Telefon.

»Hätte ich denn einen Grund dazu?«, gab sie kühl zurück.

»Natürlich nicht! Ich benutze immer noch das gleiche Rasierwasser und würde sogar für dich wieder Fleisch essen!«, versuchte ich zu scherzen, was aber bei ihr nicht ankam.

»Sehr witzig!«

»Okay, okay. Was ist los?«

»Ein Hundeversteher bist du ja schon, aber wie sieht es mit Frauen aus?«

»Bitte, Ellen, ich würde dich gerne sehen und in Ruhe mit dir reden!«

»Diese Woche geht es nicht!«

»Und die Hunde?«

»Bonny und Pippa gibt es nur mit mir!«, hörte ich sie noch, bevor sie auflegte.

Ich war absolut ratlos. Was hatte sie nur? Sie war offensichtlich gekränkt. Nun wurde mir zum ersten Mal bewusst, dass es sehr ernst sein musste. Aber wie sollte ich das Problem lösen, wenn ich es nicht kannte?

Just in diesem Moment kam ein Anruf. Es war ein Deutscher, der auf Gran Canaria lebte und einen der Suchzettel gelesen hatte, der wohl mehrere Wochen lang an einer Mauer überlebt hatte. Da er gerade in Köln zu Besuch war, wollte er die Gelegenheit nutzen, sich mit mir zu treffen und von seiner Begegnung mit Bonny und Pippa zu erzählen. War er das fehlende Puzzlestück zwischen der Flucht vor dem Hundefänger und der Fähre? Er wollte sich gleich morgen mit mir treffen.

»Können wir uns nicht für nächste Woche verabreden?« Das Buchprojekt stand für mich gerade an zweiter Stelle. Ich musste erst mal möglichst schnell mit Ellen wieder ins Reine kommen.

»Ich fahre am Sonntag wieder. Entweder morgen oder gar nicht!«

Ich willigte ein. So wie Ellen sich vorhin angehört hatte, konnte sie ohnehin noch einen Tag Abstand gebrauchen.

Ich traf Sven in einem belebten Café in der Kölner Ehrenstraße. Er trug einen beigefarbenen Anzug, dazu farblich abgestimmt ein blaues Hemd und eine graue Krawatte. Obwohl ich eher ein Modemuffel bin, kamen bei seinem Anblick leichte Neidgefühle bei mir auf. Zu dem sehr ansprechenden Äußeren des etwa Dreißigjährigen gesellte sich seine sympathische Art. Er punktete mit großen, himmelblauen Augen und einer äußerst angenehmen Stimme. Und seine Hände erst! Selten hatte ich bei einem Mann solch gepflegte Fingernägel gesehen. Dieser Kerl muss bei Frauen keine Umwege nehmen, dachte ich voller Bewunderung, als er sich mir gegenübersetzte. Zunächst begrüßte er mich höflich, aber dann legte er los:

»Bevor ich ins Detail gehe, verlange ich fünfhundert Euro Informationsgebühr.«

Mir fiel die Kinnlade herunter, und meine spontanen Sympathiegefühle verflogen so schnell wie sie gekommen waren. »Sorry, aber ich zahle kein Geld für jemanden, der mir was über zwei entlaufene Hunde erzählen möchte!«, entgegnete ich.

»Ohne Moos nix los!«, beharrte er, »das Geld ist doch der einzige Grund, weswegen ich mich gemeldet habe! Denken Sie etwa, ich bin ein Hundefreund?«

»Aber vielleicht ein Menschenfreund? Die Besitzerin der Hunde würde gerne etwas über das Schicksal der beiden erfahren«, sagte ich leicht genervt, weil seine zur Schau getragene Freundlichkeit im absoluten Widerspruch zu seiner Forderung stand. Aber Sven schüttelte den Kopf.

»Kommen Sie! Ich spendiere Ihnen gern den Kaffee und den Kuchen in diesem wunderbaren Café!«, versuchte ich ihm entgegenzukommen.

»Na gut, mit fünfzig bin ich dabei!«, lenkte er ein und hielt mir die Hand hin.

Was für ein Halsabschneider. Obwohl es gegen meine Prinzipien verstieß, holte ich einen Zwanziger aus der Brieftasche und legte ihn vor ihm auf den Tisch. Das konnte ich gerade noch so mit meiner Würde vereinbaren. Sofort steckte er das Geld ein, bestellte einen weiteren Kaffee und legte los.

Zunächst erzählte er über sich. Er arbeitete als Vertreter für Friseur- und Kosmetikbedarf auf den Kanaren. Dort sind viele Deutsche tätig, insofern war sein Job gar nicht so außergewöhnlich, erklärte er. Sein Sektor, wie er es nannte, waren die fünf Kanarischen Inseln und manchmal auch Südspanien, Malaga und Umgebung. Den Schwerpunkt seiner Kunden bildeten kleinere Friseurläden, die hauptsächlich von älteren Damen besucht würden. Also keine hippen Salons mit viel »Schischi«, wie Sven es ausdrückte.

»Was verkaufen Sie denn konkret?«, wollte ich wissen. Ich hatte wenig Ahnung von der Haarbranche, was relativ verständlich wird, wenn man bedenkt, dass ich seit vielen Jahrzehnten unfreiwilliger, aber überzeugter Glatzenträger bin.

»Man kann sagen alles, was ein Friseurladen benötigt, egal ob auf Teneriffa, Hawaii oder in Kreuzberg. Angefangen von Haarklammern über Pflegeprodukte bis zu ganzen Einrichtungen. Letztere bringen natürlich den größten Umsatz. Von Haarbürsten allein kann ich schlecht leben!«, sagte er. »Wissen Sie, der Umsatz stagniert trotz meiner vielen Stammkundinnen. Es gibt einfach zu viel Konkurrenz!«

Doch bevor er mir haarklein die Widrigkeiten und Probleme seiner Branche darlegen konnte, wollte ich wissen, was er über Bonny und Pippa zu erzählen hatte.

»Wo sind Sie den Hunden denn nun begegnet?«

»Also … Ich war auf einer der Inseln, welche kann ich gar nicht mehr sagen, ich reise so viel hin und her. Ich hatte gerade ein frustrierendes Verkaufsgespräch mit der Inhaberin eines Friseurladens hinter mir, einer alten Kundin namens Dolores. Es ging um zwei neue Waschbecken mit Sessel und Massagefunktion, für die sie sich am Telefon interessiert hatte. Umsatzvolumen knapp 8000 Euro …«

»Entschuldigung, aber könnten Sie etwas abkürzen? Ich sehe nicht, was das mit den Hunden zu tun hat«, sagte ich gereizt und bereute schon, zwanzig Euro investiert zu haben.

»Okay, okay, also jedenfalls wollte sie nichts mehr davon kaufen, als ich vorbeikam, nicht einmal ein Set Bürsten wollte sie haben, eine richtig ärgerliche Sache.

Ziemlich frustriert kehrte ich zum Auto zurück, um in die nächste Bar zu fahren und meinen Ärger zu ertränken. Und da standen sie plötzlich, die zwei kleinen Hunde. Ich wusste gar nicht, warum sie mich mit großen Augen anschauten. Ich hatte bisher nichts mit Hunden zu tun, müssen Sie wissen. Und plötzlich begann der kleine braune Hund zu winseln, und der weiße Hund drückte eine Pfote auf mein Knie und winselte ebenfalls. Was geht hier ab?, dachte ich, als in diesem Moment Dolores, die Friseurin, auf dem Parkplatz erschien.

›Sie haben was vergessen!‹, rief sie und wollte mir gerade meine Tasche geben. Wo hatte ich nur meinen Kopf gelassen? Jedenfalls bekam sie leuchtende Augen, als sie die Hunde sah. Sofort ging sie in die Hocke und begann sie zu streicheln! Und die beiden ließen sich gerne von ihr knuddeln. Der kleine Braune legte sich sogar auf den Rücken und wollte, dass sie seinen Bauch kraulte.

›O Gott, sind die süß! Warum haben Sie nicht gesagt, dass Sie Hunde haben?‹, fragte sie mich, während sie gar nicht mehr von den Kötern lassen konnte.

Ich war irritiert und wusste gar nicht, was ich sagen sollte. ›Sie hätten sie doch mitbringen können!‹, schimpfte sie.

›Na ja, das kann ich nächstes Mal machen‹, knurrte ich nur und wollte so schnell wie möglich weg, weil mich die Frau nervte und schon zu viel Zeit gekostet hatte.

›Aber die beiden haben bestimmt Hunger‹, meinte sie. ›Kommen Sie doch in den Laden, ich habe immer ein bisschen Hundekuchen auf Lager, weil die eine oder andere Kundin immer mit ihrem Hund zum Haareschneiden kommt.‹«

»Und Sie sind dann alle mit ihr mitgegangen?«, fragte ich und ahnte schon, wie die Geschichte weiterging.

»Eigentlich hatte ich überhaupt keine Lust, noch mal mit Dolores zu quatschen. Ich war wütend, weil sie nichts gekauft hatte. Aber ich wollte es mir mit ihr nicht verscherzen, weil sie ja immer noch meine Kundin war. Warum sollte ich sie der Konkurrenz überlassen?«

»Sie taten einfach so, als wären es Ihre Hunde, stimmt's?«

»Ja, ich dachte mir nichts dabei. Sie kümmerte sich um beide, gab ihnen Wasser und Hundekekse oder so. Und dann fragte sie mich, wie die beiden heißen würden.«

»Aha! Und wie hießen die beiden?«

»Mir fiel in der Eile nur Stan und Laurel ein, was natürlich bescheuert ist, weil es ja keine Rüden sind. Aber das hatte ich in der Eile gar nicht gesehen. Und ihr fiel das auch nicht auf. Auf jeden Fall war sie ganz vernarrt in die beiden, besonders in den kleinen braunen Hund, den sie sogar auf den Arm nahm. Dann entschuldigte sie sich, dass sie vorhin beim Verkaufsgespräch so abweisend gewesen war, und sagte scherzhaft: ›Hätten Sie die beiden Süßen doch nur gleich mitgebracht! Wollen Sie mir nicht noch mal von den Vorzüge der neuen Waschbecken erzählen? Dann kann ich in der Zwischenzeit die Hunde weiterstreicheln.‹

Natürlich ließ ich mir das nicht zweimal sagen. Während sie den Bauch des kleinen braunen Hundes kraulte, der genussvoll brummte, legte ich los, und was soll ich sagen …«

»Sie kamen mit ihr ins Geschäft!«, beendete ich seinen Satz. Mein Verdacht hatte sich bestätigt. Bonny und Pippa hatten mal wieder – wie bei Koen – den Umsatz gesteigert. Dog sales!

»Genau! Die Hunde haben mir den Tag gerettet! Ich sah zu, dass sie die Bestellung unterschrieb, und dann bin ich weg.«

Und Sven war nicht nur in Eile, weil er Angst hatte, dass die Frau es sich anders überlegen würde, nein, er hatte die Befürchtung, dass der Besitzer der Hunde auftauchen würde. Bevor er auffliegen konnte, nahm Sven die Hunde einfach mit.

»Ich kapierte, dass sie mir helfen würden. Sie sahen doch so süß und putzig aus. Welche Frau könnte diesen Vierbeinern widerstehen? Und schauen Sie, ich habe es fast nur mit weiblicher Kundschaft zu tun, nicht wahr? Die beiden sollten meine Geschäftspartner werden, beschloss ich.«

»Hatten Sie kein schlechtes Gewissen?«, unterbrach ich ihn.

»Warum sollte ich? Ich zwang sie doch nicht mitzukommen! Na ja, gut, ich kaufte zwei Leinen, damit sie mir nicht ausbüxten, sicher ist sicher. Die waren ja Gold wert! Logisch, dass ich die beiden in mein Hotelzimmer mitnahm. Sie waren verloren und gehörten jetzt mir!

Ich rief meine Frau an und erzählte ihr, dass ich fetten Umsatz gemacht hatte! Wissen Sie, ich liebe sie sehr und wollte ihr endlich diese Kette schenken, die sie sich so sehr wünschte!«

Am nächsten Tag besuchte Sven mit Bonny und Pippa zwei weitere Kundinnen, und beide Male war es ein voller Erfolg. »Die kleinen Hunde waren für mich zu einer Art Sesam, öffne dich geworden. Ich hatte ihnen zwei Halsbänder gekauft, und nach jedem Erfolg verwöhnte ich sie mit Leckereien.«

»Zwei Halsbänder ... können Sie sich erinnern, wie sie aussahen?« hakte ich nach.

»Aus Leder. Ein blaues und ein rotes!« antwortete er und fuhr fort: »Sobald die beiden Hündchen in den Laden kamen, benahmen sich die Kundinnen ganz anders! Sie hatten allesamt einen Narren an den Tieren gefressen.

Die wurden immer gekrault und betüttelt und verwöhnt. Und das wirkte sich auf das Geschäft grandios aus. Alleine an einem Tag machte ich Umsatz für zwei Wochen, unglaublich!«

»Die Hunde waren sozusagen ihre Lockvögel!«, kommentierte ich und stellte mir vor, wie seine Kundinnen auf Bonny und Pippa abfuhren.

»Ja, sie verschafften mir Spitzen-Einnahmen!«, seufzte er.

»Sie sagen das so traurig, warum?«

»Weil ich im Nachhinein gerne darauf verzichtet hätte!«, klagte Sven, und seine Stimme wurde leiser, was wiederum meine Neugierde größer werden ließ. Aber ich drängte nicht und gab ihm Zeit.

»Okay«, er holte tief Luft. »Nach einem unglaublich erfolgreichen Verkaufsgespräch checkte ich mit den Hunden im Hotel ein und freute mich auf den nächsten Tag, weil ich endlich meine Frau wiedersehen würde. Wie ich also am Abend an der Hotelbar sitze, die beiden Hunde lagen vor meinen Füßen, tauchte eine Kollegin auf. Ebenfalls im Verkaufsgeschäft tätig, allerdings in der Touristikbranche. Als sie Stan und Laurel sah …« Svens Stimme stockte. Er biss sich auf die Lippe, und seine Augen verengten sich zu Schlitzen. Da war das andere Gesicht des schönen und selbstsicheren Sven.

»Was ist dann passiert?«, hakte ich nach, da er lieber auf seinem Stuhl hin und her rutschte, als weiterzusprechen. Es dauerte bestimmt eine Minute, bis er sich aufraffte und fortfuhr:

»Die beiden Hunde haben mir Pech gebracht. Hätte

ich sie nur nicht getroffen«, jammerte er leise und verfiel wieder in Schweigen. Jetzt war ich richtig neugierig. Was bedrückte ihn so sehr? Was war passiert?

»Nun kommen Sie! Ich glaube, es tut Ihnen ganz gut, wenn Sie die Geschichte zu Ende erzählen.«

»Okay, bringen wir es hinter uns. Die Kollegin war von den Hunden ganz angetan. Vor allem von dem kleinen, der sie mit seinen großen Knopfaugen anschaute. Er sprang sofort auf ihren Schoß und ließ sich ausgiebig streicheln. ›Ach, hätte ich doch auch einen Hund‹, sagte sie, und dann beklagte sie sich, dass sie sich wegen ihrer vielen Arbeit keinen anschaffen konnte. Sie holte aus und meinte, dass ihr Privatleben viel zu kurz kommen würde, ihre letzte Beziehung sei auch schon daran gescheitert. Und da sie einmal in Fahrt war, hörte sie nicht mehr auf. Sie sang das übliche Klagelied von den einsamen Nächten, das alle Vertreter singen, wenn sie von zu Hause weg sind. Sie hatte genug vom Hotelleben und der ständigen Fahrerei zu den Kunden.

Währenddessen streichelte sie den kleinen Hund, der sie mit seinen braunen Augen verständnisvoll anschaute. Der andere döste derweil unter dem Tisch.

Und ich? Ich konnte meine Kollegin verstehen, weil es mir ganz ähnlich ging. Logisch also, dass ich ihr beipflichtete und auch über den Job jammerte. Der weiße Hund richtete sich auf und schaute mich winselnd an. Es sah aus, als ob er fragen wollte: Geht es dir nicht gut? Gerührt begann ich ihn zu kraulen. Das wiederum fand meine Kollegin rührend, und auch sie begann den weißen Hund zu streicheln. Wir mussten lachen, sahen uns tief in die Augen, und in diesem Moment dachten wir, dass wir irgendwie zusammengehörten. Ich legte meine Hand auf ihre und sie ihre auf meine. Es war wie im Film.«

Mit anderen Worten: Sven streichelte jetzt seine Kollegin anstatt Pippa. Und sie streichelte ihn anstatt Bonny. Ich ahnte, worauf das alles hinauslaufen würde.

Sven hielt damit auch nicht hinterm Berg, obwohl es ihn augenscheinlich große Überwindung kostete: »Wir gingen auf mein Zimmer. Zu viert, wir konnten die Hunde ja nicht in der Bar lassen«, beichtete er schuldbewusst und fügte hinzu: »Es war das erste Mal, dass ich meine Ehefrau betrogen habe!«

Svens Lippen waren jetzt rot gebissen. Er schwieg eine Weile, ehe er fortfuhr:

»Ich sperrte die beiden Hunde ins Bad. Fragen Sie mich nicht, warum. Wahrscheinlich hatte ich vor ihnen ein schlechtes Gewissen!«, gab er leise zu.

»Und was ist am nächsten Tag passiert? Sie sind doch nach Hause gefahren, oder? Haben Sie es Ihrer Frau erzählt?«

Man konnte ihm ansehen, dass es ihm körperliches Unbehagen bereitete, über das Wiedersehen mit seiner Frau zu sprechen. Aber er gab sich einen Ruck und sprach sich alles von der Seele: »Sie ahnte natürlich nichts von meinem Seitensprung. Im Gegenteil, sie hatte mein Lieblingsgericht gekocht. Auch sie fand die beiden Hunde nett und hatte nichts dagegen, sie zu behalten. Bei mir wollte an dem Tag trotz der Rouladen keine Freude aufkommen. Ich war einsilbig und kam mir schäbig vor. Am liebsten hätte ich reinen Tisch gemacht, aber ich traute mich nicht, obwohl die Hunde mich vorwurfsvoll anschauten, so wirkte es jedenfalls auf mich.«

Sven war ein Häuflein Elend. Er sank regelrecht in sich zusammen. Der Anzug, der vorhin wie angegossen passte, schien jetzt zwei Nummern zu groß zu sein. Er tat mir leid, und am liebsten hätte ich ihn nicht weiter gefoltert, aber ich konnte nicht auf halber Strecke anhalten. Wie war die Geschichte zu Ende gegangen?

»Bitte, erzählen Sie doch weiter!«

Er holte tief Luft wie ein Taucher, der in die Tiefe versinken will, dann brachte er es hinter sich. Am nächsten Tag nahm er Bonny und Pippa zu einem weiteren Verkaufsgespräch mit. Doch diesmal lief alles aus dem Ruder.

»Wie erwartet sprang die Kundin sofort auf die Hunde an. Sie hätte sie am liebsten dabehalten. Ich war mir sicher, dass meine Verkaufsstrategie ein voller Erfolg werden würde ...«

Da unterbrach ich ihn: »Warten Sie! Ich glaube, ich weiß, was dann passierte!«

»Darauf kommen Sie nie«, winkte er ab.

»Vielleicht doch. Ich vermute, die Hunde haben Ihnen diesmal das Geschäft verdorben!«

»Woher wissen Sie ...«, fragte er und schaute mich überrascht an. Konnte ich Gedanken lesen?

»Weil ich die beiden mittlerweile kenne. Sie sind zwar Hunde, aber sie haben Menschenkenntnis. Sie haben es Ihnen übel genommen, dass Sie Ihre Frau betrogen haben.«

Kaum hatte ich das gesagt, schoss mir durch den Kopf, dass ich Unsinn geredet hatte. Woher sollten die Hunde, so aufgeweckt sie auch sein mochten, Ehrlichkeit und Betrug auseinanderhalten? Sie waren ja keine Lügendetektoren!

Doch Sven stimmte mir sogar zu. »Sie haben wahrscheinlich recht. Stan und Laurel kann man nichts vormachen! Sie haben sozusagen den siebten Sinn und merken sofort, ob jemand aufrichtig ist oder nicht«, sagte er im Brustton der Überzeugung.

»Was ist denn genau passiert?«

»Es war total verrückt. Wie aus heiterem Himmel knurrten sie die Kundin an und begannen zu kläffen! So kannte ich die beiden gar nicht, die waren ja bisher immer ganz friedlich gewesen … Aber jetzt benahmen sie sich geradezu aggressiv! Die Frau bekam einen Riesenschreck, und ich versuchte die Situation zu klären, schimpfte die Tiere aus, aber sie waren einfach nicht zu beruhigen. Schließlich rannten die Kläffer durch die offene Tür nach draußen. Ich habe sie nie wiedergesehen.«

An dem Tag machte er natürlich keinen Umsatz.

»Im Auto dachte ich über alles nach. Die Hunde wollten mir bestimmt zeigen, dass ich mich gegenüber meiner Frau schlecht verhalten habe!«

Und weil Sven das sehr bedrückte, beichtete er alles. Er machte reinen Tisch. Seine Frau fiel aus allen Wolken, weil sie das niemals von ihm gedacht hätte. Es flossen viele Tränen. Sven kam sich sehr schäbig vor und entschuldigte sich bei ihr, fiel vor ihr auf die Knie.

»Darf ich fragen, ob Sie sich wieder versöhnt haben?«

»Sie will mir noch eine Chance geben, und das rechne ich ihr hoch an. Ich war doch sonst immer treu! Ich liebe sie doch! Das war eine total bescheuerte Ausnahme!

Wenn diese Hunde nicht gewesen wären … Ohne sie wäre ich doch niemals in Versuchung geführt worden«, sagte er und begann sich wieder auf die Lippen zu beißen.

»Anstatt die Schuld bei den Hunden zu suchen, sollten Sie sich lieber an die eigene Nase fassen. Sie haben Ihre Frau betrogen und nicht die Hunde!«, sagte ich streng, und da er wusste, dass ich recht hatte, nickte er schuldbewusst.

»Außerdem sollten Sie sich bei ihnen bedanken. Wenn Sie die Hunde weiter ausgenutzt hätten, wäre zwar Ihr Umsatz gestiegen, aber zu welchem Preis? Ich bin mir sicher, dass Sie Ihre Frau immer wieder betrogen hätten!«

Ich hatte mich in Rage geredet, und auch wenn ich sicher zu weit gegangen war – schließlich kannte ich den Mann kaum –, meinte ich jedes Wort so, wie ich es gesagt hatte.

»Das kann sein. Aber das wird nicht noch einmal passieren. Ich habe meinen Job an den Nagel gehängt! Ich versuche etwas im Innendienst zu finden, was sowieso viel besser für mich ist. Die ganzen Reisen hingen mir schon lange zum Hals heraus«, sagte er leise und winkte die Bedienung herbei.

Für jemanden, der daran glaubt, dass Hunde über menschliche Eigenschaften verfügen und Kategorien wie gut und schlecht kennen, lag der Fall klar: Bonny und Pippa wollten Sven bestrafen, weil er sich nicht wie ein »guter Mensch« verhielt, um es mit Khoas Worten auszudrücken. Außerdem wollten sie sich nicht länger ausnutzen lassen, geschweige denn seine Komplizen sein.

So sehr ich Bonny und Pippa auch mag, diese Erklärung trifft auf das Verhalten der beiden wohl kaum zu. Sie sind doch keine Moralhüter! Vielleicht hat sie etwas im Friseurladen gestört, sie haben eine Katze gesehen oder etwas Unangenehmes gerochen oder ... wer weiß.

Bestimmt mochten sie nicht, wie Sven sie behandelte. Wichtig ist, dass sie ihm sein Geschäft verdorben und ihn dazu gebracht haben, über sein Verhalten nachzudenken. Hätte er sonst seiner Ehefrau alles gebeichtet? Er ist von ihnen quasi auf den rechten Weg gebracht worden.

Svens Story konnte man auch als Essenz meines ganzen Buchs für Ellen betrachten: Freundschaft ohne Ehrlichkeit und Treue funktioniert nicht.

Kein Happy End?

Sven war wahrscheinlich die letzte Station auf den Kanaren gewesen, bevor die beiden sich als blinde Passagiere auf die Fähre schmuggelten. Als sie Khoa begegneten, trugen sie noch die vornehmen Halsbänder, die der Vertreter ihnen angelegt hatte. Auch dieses Rätsel war also gelöst.

Nachdem ich auch diese Geschichte aufgezeichnet hatte, erklärte ich Ellens Buch damit für fertig! Gerade rechtzeitig, denn morgen war ihr Geburtstag.

Nicht nur Bonny und Pippa hatten eine lange Reise hinter sich, sondern auch ich, und zwar vom Hundeskeptiker zum Hundefreund. Während ich all die Geschichten ausdruckte und sie in einem schönen Ordner zusammenheftete, fiel mein Blick auf die vielen Stecknadeln auf der Karte. Ich erinnerte mich an einen Satz von Sherlock Holmes am Ende des Romans »Der Hund von Baskerville«: »Und nun, wo wir alle Ecken und Winkel durchsucht haben, können wir sagen, dass der Fall kaum noch ein unaufgeklärtes Geheimnis enthält.«

Hier lagen die Dinge zwar etwas anders, weil ich bestimmt noch nicht alle Stationen der beiden Hunde geklärt hatte, aber das, was ich erfahren habe, übertraf meine Erwartungen bei Weitem.

Bonny und Pippa hatten überall positive Duftmarken hinterlassen, um in der Hundesprache zu bleiben. Alle Menschen – mit Ausnahme von Sven – waren schwer von ihnen beeindruckt gewesen und hätten sie am liebsten behalten. Und sie hatten meinen Horizont enorm erweitert. Vor allem hatte ich begriffen, dass Gefühle wie Freundschaft, Liebe oder Güte nicht nur Menschen vorbehalten sind.

Auch Ellen würde beeindruckt sein, obwohl sie schon immer viel von den Hunden gehalten hatte. Apropos Ellen. Jetzt, wo ich das Geschenk in Händen hielt, freute ich mich noch mehr darauf, sie endlich wiederzusehen. Ich vermisste meine Freundin, und natürlich auch Bonny und Pippa. Warum nur machte sie sich so rar und wich mir aus? Plötzlich machte sich Panik breit: Nicht dass ein anderer Mann dahintersteckte? Nein, das konnte ich mir beim besten Willen nicht vorstellen. Außerdem würden Bonny und Pippa das doch gar nicht zulassen, sagte ich mir und dachte an Svens Schicksal ... Ich rief Ellen an, aber wieder meldete sich nur die Mailbox.

Was war los? Um endlich Klarheit zu bekommen, fuhr ich spontan zu ihr. Sie ließ mich wortlos und mit versteinerter Miene eintreten, wich meinem Kuss aber aus. Die Begrüßung der Hunde fiel dagegen viel herzlicher aus: Sie bellten freudig und sprangen an mir hoch, als hätten sie mich Jahre nicht gesehen. Dabei rieben sie ihre Nasen winselnd an meinen Hosenbeinen, was Ellen nicht sonderlich gefiel, wie ich ihrem Blick entnahm.

»Bitte, Ellen, sag mir doch endlich, was los ist. Ich merke

doch, dass du mir aus dem Weg gehst!«, bat ich und ging auf sie zu.

»Warum traust du dich nicht, mir die Wahrheit ins Gesicht zu sagen?«, wich sie mir aus. Währenddessen rollten sich die Hunde gut gelaunt vor mir auf dem Boden und forderten mich dazu auf, ihnen den Bauch zu kraulen.

»Vielleicht hilfst du mir auf die Sprünge?«

»Das muss ich wohl. Ich hatte leider bis zuletzt gehofft, dass du es von dir aus sagen würdest. Also, ich weiß, dass du mich betrogen hast«, eröffnete sie mir mit ernstem Blick.

»Das ist doch jetzt nicht wahr, oder? Bitte nicht wieder das alberne Hundehotel!«, sagte ich leicht genervt und wollte das Missverständnis weglächeln. Doch Ellen verstand überhaupt keinen Spaß.

»Ich finde das gar nicht lustig! Du hast die Hunde dort geparkt und bist dann nach Toledo geflogen! Und das mit Sicherheit nicht alleine!«

Woher wusste sie von Toledo?

»Du brauchst es nicht zu leugnen, ich weiß genau, dass du dort ein Hotel gebucht hast! Gibst du es nun endlich zu?«, fragte sie mich im Tonfall einer toughen Staatsanwältin in einem amerikanischen Gerichtsfilm.

»Ja, es stimmt, verdammt noch mal, aber es ist ganz anders als …«, versuchte ich zu erklären, wurde aber sofort unterbrochen.

»Dieses *es ist ganz anders* kann ich nicht mehr hören! Das sagen alle Männer, die beim Fremdgehen erwischt werden. Und glaub mir, ich weiß, wovon ich spreche! Ich habe zahlreiche Scheidungen begleitet!«

Während unseres Disputs standen beide Hunde irritiert an unserer Seite und winselten unruhig. Sie waren keinen Streit zwischen uns gewöhnt.

»Aber bei mir ist es wirklich ganz anders!«, rief ich verzweifelt und wollte sie in den Arm zu nehmen.

»Nein!«, wehrte sie ab und drehte sich weg. »Ich möchte, dass du jetzt gehst!«

»Bitte, Ellen!«

»Geh jetzt!« Ellen schlug die Hände vors Gesicht und begann zu schluchzen. Daraufhin nahm Pippa ihre Versöhnungsposition ein, richtete ihre Vorderpfoten auf Ellens Knie und schaute sie mit großen Augen an. Vergebens. Ellen war ganz aufgelöst.

»Aber ich bin nicht fremdgegangen! Ich kann dir das mit Toledo erklären!«, versuchte ich sie zu besänftigen. Leider stießen meine Worte auf taube Ohren.

Ellen wischte sie die Tränen ab und deutete auf die Tür. Tieftraurig und unfähig, noch etwas zu sagen, verließ ich die Wohnung. Vor dem Haus schaute ich erneut zurück und sah sie am Fenster. Für einen Moment trafen sich unsere Blicke. Dann zog sie demonstrativ die Vorhänge zu. War das der letzte Akt?

Damit wollte ich mich auf keinen Fall abfinden und klingelte erneut, aber sie öffnete nicht, stattdessen hörte ich die Hunde laut bellen. Sie taten mir leid. Mir war bewusst, dass sie uns sagen wollten: »Vertragt euch!« Aber diesmal hörten die Menschen nicht auf sie. Müde und geschlagen machte ich mich auf den Heimweg.

Die Nacht verbrachte ich unruhig. Immerzu starrte ich missmutig auf den Ordner für Ellen. Auf dem Titelblatt strahlten mich Bonny und Pippa fröhlich an.

Wie kam Ellen nur darauf, dass ich sie betrogen hatte? Das konnte doch nur ein idiotisches Missverständnis sein. Um das klarzustellen, schickte ich unzählige SMS an Ellen, die jedoch alle unbeantwortet blieben. Traurig fiel mein Blick auf die leeren Hundekörbe.

Was wohl Bonny und Pippa jetzt dachten? Ich erinnerte mich an die Abenteuer, die sie auf ihrer Reise erlebt hatten. Svens Geschichte wollte mir dabei nicht aus dem Kopf. Er hatte die Frau, die er liebte, betrogen und sich ihr erst auf Druck der Hunde offenbart. Und nun dachte Ellen, dass auch ich sie betrogen hätte. Mich ärgerte es, dass sie mir nicht die Chance gab, ihre Vorwürfe zu widerlegen.

Am nächsten Tag, an Ellens Geburtstag, saß ich alleine in meiner Wohnung und starrte durch das Fenster auf den Park. Die Hunde drehten mit ihren Frauchen und Herrchen ihre Runden, darunter auch Malteserdame Patrizia mit ihrer langbeinigen Besitzerin. Zu gerne wäre ich mit Ellen hinuntergegangen und hätte der Frau wieder einen Bären aufgebunden. Wie konnte ich Ellen nur von meiner Unschuld überzeugen? Ich vermisste sie. Ich vermisste Bonny und Pippa!

Erneut startete ich einen Versöhnungsversuch und rief Ellen an, um ihr zu gratulieren, aber wieder sprach nur die Mailbox mit mir. Und was sollte ich nun mit ihrem Geschenk machen? Kurzerhand steckte ich den Ordner in einen Umschlag und schickte ihn ab.

Auch die folgende Nacht konnte ich schlecht schlafen. Logisch, dass ich am nächsten Tag übermüdet am Schreibtisch saß und mich nicht auf meine Arbeit konzentrieren konnte. Am Nachmittag klingelte es. Ich schlurfte zur Tür und wurde fast von zwei kleinen Hunden umgeworfen, die auf mich zusprangen. Bonny und Pippa!

»Ach, Schatz, ich habe eine Riesendummheit gemacht! Ich hoffe, du verzeihst mir«, hörte ich Ellen sagen. Natürlich verzieh ich ihr und nahm sie erleichtert in den Arm.

»Ich liebe dich!«

»Ich liebe dich auch!«, seufzte Ellen an meiner Schulter. Währenddessen tänzelten Pippa und Bonny um uns herum und freuten sich wie zwei Weltmeister. Ich strich Ellen sanft über das Haar, und auch wenn es albern klingt, unser Himmel hing in diesem Moment voller Geigen.

Als ich Pippas Blick begegnete, hob ich den Daumen, und noch heute bin ich mir sicher, dass sie daraufhin ihre rechte Augenbraue hob. Bonny ihrerseits beobachtete das Happy End mit schief gelegtem Kopf.

Etwas später lagen wir auf der Couch, völlig entspannt, jeder einen Hund an seiner Seite.

Gemeinsam blätterten Ellen und ich durch die Geschichten: »Das Schöne an Bonny und Pippa ist, dass sie keine Superhunde sind!«, sagte sie und streichelte beide.

»Ja, sie sind zwei ganz normale Hunde. Sie fressen gerne ihre Leckerlis, gehen Gassi und riechen gerne an fremden Hundepopos. Sie können keine Tricks, und vermutlich würden sie über ihre Artgenossen lachen, die auf Befehl toter Mann spielen«, ergänzte ich.

»Und trotzdem«, meinte Ellen, »sind sie viel klüger

und vor allem weiser als wir.« Und da konnte ich ihr nur aus vollstem Herzen zustimmen.

 Wir kennen uns mit Menschen sehr gut aus. Wir sind Menschenversteher.

Wir haben ihnen einige Tricks beigebracht! Wir brauchen uns nur auf den Rücken zu legen, und schon kraulen sie uns!

Achtung: liebende Hunde!

So ist alles gut ausgegangen. Würden wir auf die Hunde hören, gäbe es weniger Probleme. Davon bin ich zu hundert Prozent überzeugt. Sie sind einfach die besseren Menschen.

Halt! Ich weigere mich trotz allem, Hunde zu vermenschlichen. Aber ich stimme zu, dass sie uns den Spiegel vorhalten und uns zeigen, wie man humaner miteinander umgehen kann: ohne Lüge, ohne Hinterlist und gerne auf dem Rücken, damit man sich besser kraulen lassen kann. Habe ich etwas vergessen? Ach ja, Ellen und ich sind noch nicht nach Toledo gefahren. Wir wollten Bonny und Pippa die lange Reise ersparen. Aber ein Sonnenuntergang zu viert an der Nordseeküste kann auch sehr schön sein …

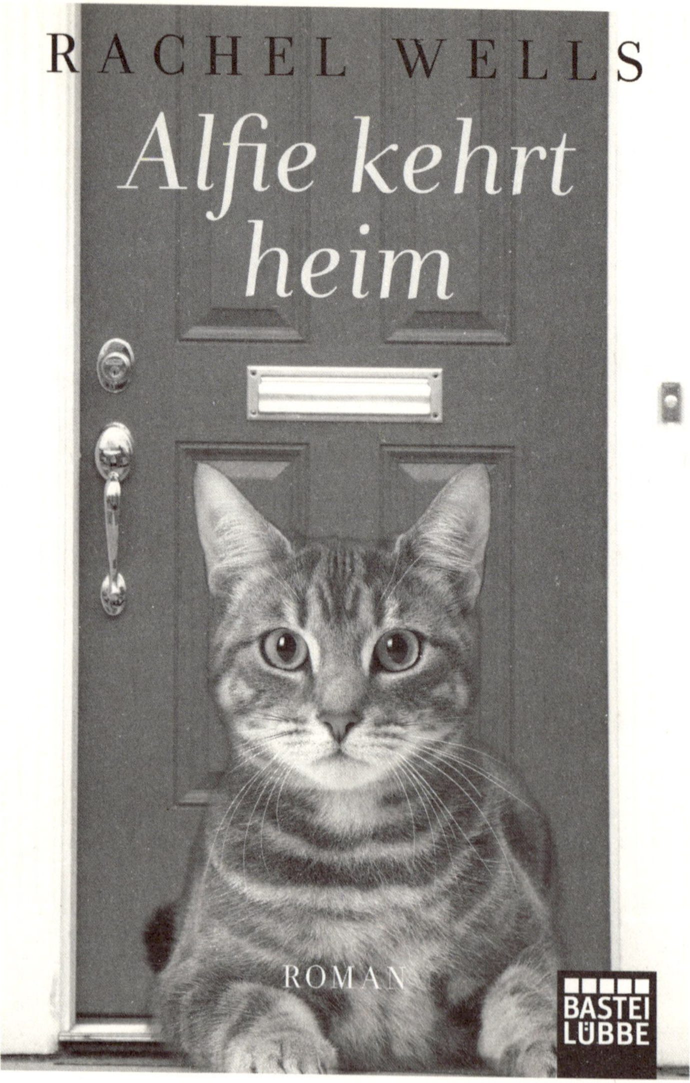
RACHEL WELLS
Alfie kehrt heim
ROMAN
BASTEI LÜBBE

Leseprobe
aus

Rachel Wells
ALFIE KEHRT HEIM

Roman

Aus dem Englischen von
Sonja Fehling

Für Ginger, meinen ersten Kater,
den ich an der Leine Gassi geführt habe und
der sich von mir wie eine Puppe behandeln ließ.
Du weilst schon lange nicht mehr unter uns,
aber ich werde dich nie vergessen.

Kapitel Eins

»Das Haus auszuräumen wird nicht lange dauern«, sagte Linda.

»Du bist echt 'ne grenzenlose Optimistin. Schau dir doch nur mal den ganzen Mist an, den deine Mutter angesammelt hat«, erwiderte Jeremy.

»Jetzt bist du unfair. Sie hat wirklich schönes Porzellan, und außerdem kann man nie wissen: Einiges davon ist vielleicht sogar was wert.«

Ich tat, als würde ich schlafen, aber ich hatte die Ohren gespitzt und konnte genau hören, was sie sagten. Gleichzeitig versuchte ich, meinen Schwanz davon abzuhalten, unruhig hin und her zu peitschen. Ich hatte mich auf dem Stuhl zusammengerollt, den Margaret am liebsten mochte – oder besser gesagt: gemocht hatte – und beobachtete ihre Tochter und ihren Schwiegersohn dabei, wie sie über das weitere Vorgehen diskutierten; und damit auch über meine Zukunft. Die vergangenen Tage waren schrecklich verwirrend gewesen, vor allem, weil ich noch gar nicht richtig begriff, was passiert war. Was ich allerdings verstand, während ich lauschte (und mich dabei bemühte, nicht in Tränen auszubrechen): Mein Leben würde nie mehr dasselbe sein.

»Sehr unwahrscheinlich. Auf jeden Fall sollten wir ein Entrümpelungsunternehmen beauftragen. Von dem

Krempel wollen wir ja ganz sicher nichts aufheben.« Vorsichtig, damit sie es nicht mitbekamen, riskierte ich einen Blick. Jeremy war groß, grauhaarig und übellaunig. Ihn hatte ich nie besonders gemocht, aber die Frau, Linda, war immer nett zu mir gewesen.

»Ich würde gerne ein paar von Mums Sachen behalten. Sie wird mir fehlen.« Linda fing an, zu weinen, und am liebsten hätte ich jaulend mit eingestimmt, aber ich blieb stumm. »Ich weiß, mein Schatz.« Jeremys Stimme wurde weicher. »Aber wir können nicht ewig hierbleiben. Jetzt, wo die Beerdigung vorbei ist, müssen wir das Haus zum Verkauf ausschreiben lassen, und, na ja, wenn wir es ausgeräumt haben, können wir in ein paar Tagen fahren.«

»Es fühlt sich nur so endgültig an. Aber du hast natürlich recht.« Sie seufzte. »Und was machen wir mit Alfie?« Ich richtete mich auf. Genau darauf hatte ich gewartet. Was würde aus mir werden?

»Wir werden ihn wohl ins Tierheim bringen müssen.« Ich konnte fühlen, wie mir die Haare zu Berge standen.

»Ins Tierheim? Aber Mum hat so an ihm gehangen. Es käme mir grausam vor, ihn jetzt einfach wegzugeben.« Ich wünschte, ich hätte meine Zustimmung äußern können – das war mehr als grausam.

»Aber du weißt doch, dass wir ihn nicht mit nach Hause nehmen können. Schatz, wir haben zwei Hunde. Eine Katze passt nicht zu uns, das muss dir doch klar sein.«

Ich war äußerst erbost. Es war ja nicht einmal so, als hätte ich unbedingt zu ihnen gewollt, aber ins Tierheim würde ich auf keinen Fall gehen.

Tierheim. Allein das Wort ließ mich am ganzen Leib erzittern; welch unpassender Name für etwas, das wir in der Katzengemeinschaft als »Todeszelle«, bezeichneten. Einige Katzen mochten ja Glück haben und in ein neues Zuhause vermittelt werden, aber wer wusste schon, wie es dort mit ihnen weiterging. Wer sagte, dass die neue Familie sie anständig behandelte? Die Katzen, die ich kannte, waren sich alle einig, dass ein Tierheim kein schöner Ort war. Und wir wussten nur zu gut, dass auf diejenigen, die kein neues Zuhause fanden, der Tod wartete.

Um nichts auf der Welt würde ich dieses Risiko eingehen, auch wenn ich mich durchaus für einen gut aussehenden Kater mit gewissem Charme hielt.

»Du hast ja recht, die Hunde würden ihn bei lebendigem Leibe auffressen. Und im Tierheim sind sie heutzutage ja sehr auf Zack, bestimmt finden sie schnell ein neues Zuhause für ihn.« Sie schwieg kurz, als ließe sie sich das Ganze noch einmal durch den Kopf gehen. »Nein, es geht nicht anders. Morgen früh rufe ich beim Tierheim an, und ein Entrümpelungsunternehmen suche ich auch raus. Ich denke, dann können wir auch einen Makler beauftragen.« Jetzt klang sie schon viel selbstsicherer, und ich wusste, dass damit mein Schicksal besiegelt war. Es sei denn, ich unternahm etwas dagegen.

»Jetzt denkst du wieder klar. Ich weiß, es ist schwer, aber deine Mum war alt, Linda, und um ehrlich zu sein, kam es ja nicht gerade überraschend.«

»Das macht es aber auch nicht leichter.«

Mit den Pfoten hielt ich mir die Ohren zu. Mir schwirrte der Kopf. In den vergangenen zwei Wochen hatte ich meine Besitzerin verloren, den einzigen Menschen, den ich je richtig gekannt hatte. Mein Leben war völlig auf den Kopf gestellt worden, und ich war todunglücklich, einsam und – wie es aussah – auch obdachlos. Was um alles in der Welt sollte ein Kater wie ich jetzt tun?

Ich war das, was man wohl als »Schoßkatze«, bezeichnen würde. Ich hatte nicht das Bedürfnis, die ganze Nacht draußen zu sein und zu jagen, herumzustreunen oder mich mit anderen Katzen zu treffen. Warum auch, schließlich hatte ich immer einen warmen Schoß, Futter und jede Menge anderer Annehmlichkeiten gehabt. Außerdem war ich nie allein gewesen: Ich hatte eine Familie gehabt. Doch dann war mir all das genommen worden, und nur mein gebrochenes Katerherz war übrig geblieben. Zum ersten Mal war ich vollkommen allein.

Fast mein ganzes Leben lang hatte ich in dem kleinen Reihenhaus gewohnt, bei Margaret, meiner Besitzerin. Ich hatte sogar eine Schwester namens Agnes gehabt, wobei: Eigentlich war sie mehr wie eine Tante gewesen, schließlich war sie wesentlich älter als ich. Als Agnes vor einem Jahr in den Katzenhimmel gegangen war, hatte ich einen Schmerz empfunden, den ich nie für möglich gehalten hätte. Aber ich hatte ja noch Margaret, die mich sehr liebte, und in unserer Trauer gaben wir uns gegenseitig Trost. Wir hatten beide sehr an Agnes gehangen und vermissten sie schrecklich, unser Kummer schweißte uns zusammen.

Erst vor Kurzem hatte ich allerdings erfahren, wie grausam das Leben wirklich sein konnte. Einige Wochen zuvor war Margaret eines Tages morgens nicht mehr aufgestanden. Ich hatte keine Ahnung gehabt, was mit ihr los war und was ich tun sollte – ich war ja schließlich nur ein Kater –, daher hatte ich mich einfach neben sie gelegt und gejault, so laut ich konnte. Zum Glück sollte an diesem Tag eine Krankenpflegerin kommen, die einmal in der Woche nach Margaret schaute. Beim Klang der Türklingel hatte ich schweren Herzens meinen Platz an Margarets Seite verlassen und war durch die Katzenklappe nach draußen geschlüpft.

»Oje, was hast du denn?«, hatte die Pflegerin gefragt, während ich aus vollem Halse gejault hatte. Erneut hatte sie auf die Klingel gedrückt, und ich hatte sie mit der Pfote am Bein gestupst – in dem sanften, aber bestimmten Versuch, ihr klarzumachen, dass etwas nicht stimmte. Schließlich hatte sie den Zweitschlüssel benutzt und Margarets leblosen Körper gefunden. Während die Pflegerin einige Anrufe gemacht hatte, war ich bei Margaret geblieben und hatte gewusst, dass sie für immer von mir gegangen war. Nach einer Weile waren dann ein paar Männer gekommen, um sie fortzutragen, und ich hatte nicht aufhören können, zu jaulen. Als sie mich nicht mit Margaret hatten mitgehen lassen, war mir klar geworden, dass mein Leben, so wie ich es kannte, vorbei war, und ich hatte gejault, bis ich heiser war.

Während Jeremy und Linda ihr Gespräch fortsetzten, sprang ich leise vom Stuhl und verließ das Haus. Auf der Suche nach den anderen Katzen der Nachbarschaft streunte ich durch die Gegend. Ich wollte sie um Rat fragen, aber da es fast Abendbrotzeit war, hatte ich Mühe, jemanden zu finden. Schließlich suchte ich eine liebe ältere

Katze namens Mavis auf, die am anderen Ende der Straße wohnte. Laut miauend setzte ich mich vor ihre Katzenklappe. Sie wusste, dass Margaret gestorben war; sie hatte gesehen, wie man sie abgeholt hatte, und mich wenig später in meinem trauernden Zustand vorgefunden. Sie war eine mütterliche Katze – ein bisschen so wie Agnes – und hatte sich um mich gekümmert, mich jaulen lassen, bis ich keine Stimme mehr hatte. Geduldig war sie bei mir geblieben und hatte ihr Futter und ihre Milch mit mir geteilt, bis Linda und Jeremy gekommen waren.

Als sie mich rufen hörte, kam sie durch die Katzenklappe gesprungen, und ich erzählte ihr von meiner misslichen Lage.

»Sie können dich nicht mitnehmen?«, fragte sie und schaute mich dabei aus traurigen Augen an.

»Nein. Sie meinten, sie hätten Hunde, und, na ja, mit Hunden will ich sowieso nicht zusammenwohnen.« Bei dem Gedanken schüttelte es uns beide.

»Wer will das schon?«, bemerkte Mavis.

»Ich weiß nicht, was ich machen soll«, jammerte ich und bemühte mich, nicht schon wieder in Tränen auszubrechen. Mavis schmiegte sich an mich. Vor jenen Ereignissen waren wir uns nicht so nah gewesen, aber sie war eine sehr einfühlsame Katze, und ich war dankbar, sie zur Freundin zu haben.

»Alfie, du darfst nicht zulassen, dass sie dich ins Tierheim bringen«, warnte sie mich. »Ich würde mich ja um dich kümmern, aber ich fürchte, das geht nicht. Ich bin alt und müde, und meine Besitzerin ist nicht viel jünger, als deine Margaret es war. Du musst jetzt ein tapferer kleiner

Kater sein und dir eine neue Familie suchen.« Liebevoll rieb sie ihren Hals an meinem.

»Aber wie mache ich das?«, fragte ich. Noch nie hatte ich mich so verloren und ängstlich gefühlt.

»Ich wünschte, ich hätte eine Antwort darauf. Sei einfach stark, und denk immer an das, was du gerade gelernt hast: Es gibt keine Sicherheit im Leben.«

Wir rieben unsere Nasen aneinander, und ich wusste, dass es nun Zeit war, zu gehen. Ein letztes Mal lief ich zurück zu Margarets Haus, um es mir einzuprägen, bevor ich wegging. Ich wollte, dass dieses Bild sich für immer in mein Gedächtnis einbrannte, damit ich es auf meine Reise mitnehmen konnte, in der Hoffnung, dass es mir Kraft geben würde. Traurig betrachtete ich Margarets Krimskrams, den sie immer als ihre »Schätze« bezeichnet hatte, die Bilder an den Wänden, die mir so vertraut waren, den Teppich, der ganz abgewetzt war an den Stellen, wo ich an ihm gekratzt hatte, als ich noch zu jung gewesen war, um es besser zu wissen. Ich war untrennbar mit diesem Haus verschmolzen. Und jetzt hatte ich keine Ahnung, was aus mir werden würde.

Obwohl ich keinen besonderen Appetit hatte, zwang ich mich, das Futter zu essen, das Linda mir hingestellt hatte (schließlich wusste ich nicht, wann ich das nächste Mal etwas in den Magen bekommen würde). Dann blickte ich mich zaudernd ein letztes Mal in meinem Zuhause um, in dem ich mich immer so sicher und geborgen gefühlt hatte. Ich dachte an die Lektionen, die ich hier gelernt hatte. In den vier Jahren, die ich in diesem Haus gewesen war, hatte ich viel über die Liebe gelernt, und ebenso über Verlust. Man hatte für mich gesorgt, aber das war jetzt vorbei. Ich erinnerte mich daran, wie ich als kleiner Kater hier eingezogen war. Daran, wie Agnes mich nicht hatte leiden können und mich behandelt hatte, als wäre ich eine Bedrohung für sie. Daran, wie ich schließlich doch ihr Herz gewonnen hatte und wie Margaret uns verwöhnt hatte, als wären wir die wichtigsten Katzen der Welt. Ich dachte daran, wie viel Glück ich gehabt hatte, doch das war nun aufgebraucht. Während ich um das einzige Leben trauerte, das ich kannte, fühlte ich instinktiv, dass es nun ums Überleben ging, auch wenn ich noch keine Ahnung hatte, wie ich das anstellen sollte. Ich machte mich bereit für den Sprung ins Ungewisse.

Kapitel Zwei

Gebrochenen Herzens und voller Furcht vor der Alternative verließ ich das einzige Zuhause, das ich je gekannt hatte. Ich hatte keine Ahnung, wo ich hingehen sollte und wie ich zurechtkommen würde, aber lieber baute ich auf mich selbst und meine beschränkten Fähigkeiten als auf ein Tierheim. Ein Kater wie ich brauchte ein liebevolles Zuhause. Während ich mich davonschlich, mitten in die dunkle Nacht hinein und bibbernd vor Angst, suchte ich nach einer Methode, um mir Mut zu machen. Ich wusste zwar nur sehr wenig von der Welt, doch einer Sache war ich mir absolut sicher: Nie mehr wollte ich allein sein. Ich sehnte mich nach einem Schoß – oder besser gleich mehreren –, auf dem ich mich niederlassen konnte. Mit diesem Ziel vor Augen nahm ich all meinen Mut zusammen und hoffte – und betete –, dass er mich nicht verlassen würde.

Tapfer trabte ich los und ließ mich dabei von meinen Sinnen leiten. Ich war es nicht gewohnt, in der dunklen, wenig einladenden Nacht durch die Straßen zu streunen, aber ich konnte gut sehen und hören und sagte mir immer wieder, es würde schon alles gut gehen. Zur Ermutigung stellte ich mir vor, wie Margaret und Agnes mich anfeuerten, während ich über den Asphalt lief.

Die erste Nacht war hart – beängstigend und lang. Irgendwann – mittlerweile war der Mond aufgegangen –

fand ich einen Schuppen am hinteren Ende eines Gartens. Zum Glück, denn vor Erschöpfung taten mir schon die Beine weh. Die Tür stand offen, und drinnen war es zwar staubig und voller Spinnweben, aber ich war viel zu müde, um mir darüber Gedanken zu machen. Ich rollte mich einfach auf dem harten, schmutzigen Boden zusammen und schlief sofort ein.

Mitten in der Nacht riss mich ein lautes Jaulen aus dem Schlaf, und ein schwarzer Kater ragte drohend über mir auf. Vor lauter Schreck machte ich einen Satz. Wütend starrte der Kater mich an, und obwohl mir die Beine zitterten, versuchte ich, mich nicht einschüchtern zu lassen.

»Was machst du hier?«, zischte er und fauchte aggressiv.

»Ich wollte nur schlafen«, antwortete ich und bemühte mich erfolglos, dabei selbstbewusst zu klingen. Da ich nicht so ohne Weiteres an ihm vorbeikommen würde, richtete ich mich zitternd auf und versuchte, möglichst bedrohlich auszusehen. Der Kater grinste nur – ein ziemlich böses Grinsen –, und beinahe wäre ich eingeknickt. Dann holte er aus und versetzte mir mit ausgefahrenen Krallen einen Hieb über den Kopf. Ich jaulte auf und fühlte den Schmerz an der Stelle, wo er mich gekratzt hatte. Am liebsten hätte ich mich einfach nur zu einer Kugel zusammengerollt, aber ich wusste, dass ich diesem boshaften Kater entkommen musste. Wieder attackierte er mich, und seine Krallen glänzten im Mondlicht, während er zum erneuten Schlag in mein Gesicht ausholte, doch zum Glück war ich wendiger als er. Ich machte einen Satz in Richtung Tür und schoss an ihm vorbei, streifte noch sein borstiges

Fell, schaffte es aber tatsächlich nach draußen. Er drehte sich um und zischte mich erneut an. Ich fauchte zurück, dann rannte ich davon, so schnell meine kleinen Beine mich trugen. Völlig außer Atem hielt ich irgendwann an, schaute mich um und stellte fest, dass ich allein war. Zum ersten Mal in meinem Leben war ich in eine gefährliche Situation geraten, und ich spürte, dass ich mir ein dickeres Fell zulegen musste, wenn ich überleben wollte. Mit der Pfote glättete ich mir den Pelz und versuchte, dabei den Kratzer zu ignorieren, der immer noch brannte. Mir ging auf, dass ich schnell war, wenn es darauf ankam – eine Fähigkeit, die ich nutzen konnte, um mich aus der Gefahrenzone zu retten. Schließlich machte ich mich wieder auf den Weg, auch wenn ich dabei noch etwas in mich hineinjaulte. Blinde Angst durchströmte mich, trieb mich jedoch gleichzeitig auch an. Ich blickte in den Nachthimmel, hinauf zu den Sternen, und fragte mich – wieder einmal –, ob Agnes und Margaret, wo immer sie auch sein mochten, mich sehen konnten. Ich hoffte es, aber natürlich wusste ich es nicht. Ich wusste überhaupt sehr wenig.

Als ich mich endlich wieder sicher genug fühlte, eine Pause zu machen, hatte ich einen Bärenhunger. Außerdem war es furchtbar kalt. Bisher war ich es gewohnt gewesen, jeden Tag bei Margaret vor dem warmen Kamin zu sitzen, deshalb war mir dieses neue Leben völlig fremd. Mir war klar, dass ich, wenn ich Futter haben wollte, auf die Jagd gehen musste; etwas, das in der Vergangenheit selten nötig gewesen war und womit ich daher auch nicht viel Erfahrung hatte. Ich ließ mich von meiner Nase leiten und entdeckte schließlich einige Mäuse, die vor einem großen

Haus um die Mülltonnen herumwuselten. Trotz meiner Abneigung – normalerweise aß ich nur Dosenfutter, au-ßer zu besonderen Anlässen, wenn Margaret mir Fisch ge-geben hatte – trieb ich eine der Mäuse in eine Ecke und erlegte sie. Solchen Hunger hatte ich noch nie verspürt, deshalb war sie beinahe schmackhaft, und sie gab mir die Energie, die ich brauchte, um meine Reise fortzusetzen …

Für die Originalausgabe
»Alfie the Doorstep Cat«
© 2014 by Rachel Wells
Für die deutschsprachige Ausgabe
© 2016 by Bastei Lübbe AG, Köln
ISBN 978-3-404-17334-1

*Bewegend und voller Hoffnung - jetzt die
ganze Geschichte im Doppelband*

James Bowen
BOB, DER STREUNER /
BOB UND WIE ER DIE
WELT SIEHT: ZWEI
BESTSELLER IN EINEM
BAND
Die Katze, die mein
Leben veränderte
Omnibus
Aus dem Englischen
496 Seiten
ISBN 978-3-404-60882-9

Als James Bowen den verwahrlosten Kater vor seiner Wohnungstür
fand, hätte man kaum sagen können, wem von beiden es schlechter
ging. James schlug sich nur mit Mühe als Straßenmusiker durch,
aber den abgemagerten Kater wollte er nicht abweisen. Er nahm
ihn auf, pflegte ihn gesund und ließ ihn wieder laufen – doch
Bob liebte sein neues Herrchen mehr als die Freiheit und blieb.
In seinem zweiten Buch erzählt James, wie Bob ihm in harten
Zeiten und selbst in lebensgefährlichen Situationen immer wieder den Weg weist. Mit seiner Klugheit, seinem Mut und seinem
Humor hat der Kater ihn gelehrt, was Freundschaft, Loyalität und
Glück wirklich bedeuten.

Bastei Lübbe

Da wird nicht nur der Hund in der Pfanne verrückt

Bettina Peters
HUND, KATZE, GRAUS
Geschichten aus der
Tierarztpraxis
240 Seiten
mit zahlreichen
Abbildungen
ISBN 978-3-404-60808-9

Bettina liebt Tiere und macht als Tierarzthelferin ihr Hobby zum Beruf. Doch schnell merkt sie, worauf sie sich da eingelassen hat: Dieser Job ist anders als erwartet. Verrückter! Außergewöhnlicher! Und lustiger! Da gibt es fliegende Hamster, verkaterte Hunde und Killer-Katzen im Mülleimer. Zum ultimativen Abenteuer wird der Traumjob aber vor allem durch die Spezies Mensch, die mit ihren wahnwitzigen Aktionen manchmal wirklich den Vogel abschießt.

»Ich drehe schon eine Stunde lang an dieser Zecke herum, aber sie will einfach nicht von meiner Miezi lassen!«

Bastei Lübbe

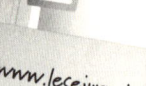